医师家的健康营养月子餐

王金茹　徐蕤 / 著

中国妇女出版社

图书在版编目（CIP）数据

医师家的健康营养月子餐 / 王金茹，徐蕤著. —北京：中国妇女出版社，2015.1

ISBN 978-7-5127-0965-2

Ⅰ.①医… Ⅱ.①王… ②徐… Ⅲ.①产妇—妇幼保健—食谱 Ⅳ.①TS972.164

中国版本图书馆CIP数据核字（2014）第267128号

医师家的健康营养月子餐

作　　者：王金茹　徐　蕤　著
责任编辑：魏　可
责任印制：王卫东
出版发行：中国妇女出版社
地　　址：北京东城区史家胡同甲24号　　邮政编码：100010
电　　话：（010）65133160（发行部）　65133161（邮购）
网　　址：www.womenbooks.com.cn
经　　销：各地新华书店
印　　刷：中国电影出版社印刷厂
开　　本：185×235　1/12
印　　张：14.5
字　　数：200千字
版　　次：2015年1月第1版
印　　次：2015年1月第1次
书　　号：ISBN 978-7-5127-0965-2
定　　价：39.80元

前言

Preface

渐渐人到中年的我，从事临床工作十余年了。曾经，忙碌的工作让我的三餐极不规律，害得自己患上了多种疾病。除了吃药和休息，我意识到规律的三餐和合理的饮食是保障健康的重要因素。于是我开始学习烹饪和烘焙，慢慢地，我发现烹饪和烘焙带来的乐趣不仅可以释放工作带来的压力，更可以保证自己和家人拥有健康的身体。

在写这本书的时候，我经历了人生的一个特殊时期——怀孕、分娩。这本书中大部分的菜品都是我在月子期间吃的。如今有很多人认为中国人应该向西方人学习，生产后不必坐月子。我认为东方人和西方人的体质本身就不同，而且从小的饮食结构也完全不同，所以不应该完全用西方人的生活习惯来要求中国人。坐月子是中国以及一些东方国家自古以来的习俗，蕴含了几千年的文化底蕴，而且越来越多的报道指出，生产对于女性来讲是一个重要的时期，产后恢复也尤为重要。所以，月子还是应该坐，但是我们应该以审慎的态度面对这个问题，既不能毫不在意，也不能过于程式化，有些老旧的错误观点应该摒弃，而一些科学的坐月子方法以及坐月子饮食应该多多采纳，这样才是女性对自己最大的关爱。

在写书的同时，我经历了月子期间大起大落的情绪变化，深刻地体会到一个新妈妈生产后的负面情绪，在这段时间，我不断地听到一些妈妈患上严重的产后抑郁，有的甚至自残及轻生，不但伤害了自己，也给孩子的童年经历留下了阴影。希望看到这本书的朋友们能够越来越重视这个问题，也希望看这本书的新爸爸、新奶奶以及新姥姥们能够多重视新妈妈的情绪变化，多予以陪伴，经常疏导，避免悲剧的发生。美食，可以缓解压力，改善情绪，也可以调剂夫妻感情、缓解焦虑及抑郁状态。在月子期间，合理的膳食以及丰富的营养是保证产妇产后恢复的关键因素，同时也是促进泌乳的重要手段，所以，新妈妈们不应该排斥月子餐，应该根据自己的口味，让家人在制作饭菜时给予改进，从而适应自己的口味。

在这本书的撰写过程中，我得到了很多人的帮助。首先感谢我的母亲和姐姐，她们在我怀孕期间不但给予我无微不至的关怀，而且在菜品的制作和食材的准备上给予我极大的帮助。其次，感谢我的父亲在摄影方面给我提出的指导意见。感谢我的爱人给予我无私的帮助。感谢我的亲友谢之光、李益民、李凌、赵雅娟、王益明、薛世财、徐春荣、薛捷、杜洪杰、王倩、姚国滟、张苗、杨兴慧、朱锐、王海滨、苗莆，谢谢你们的支持和鼓励！最后要感谢的是本书的编辑魏可女士，感谢她为本书所贡献的一切。

这是我第一次写书，一定会存在很多的不足，还望广大读者朋友给予批评指正。

吃，是人们生存每天必不可少的环节。怎么吃才吃得健康、吃得营养，是当今社会人们关注的焦点。现代社会忙碌的职业女性，在怀孕生产这个特殊时期不但要保证孩子的健康生长，更要让自己在产前及产后拥有健康的体魄和苗条的身姿。希望更多的妈妈加入我们，成为健康的辣妈。

徐　蕵

目录

Contents

第一部分
不同生理时期女性的营养需求

产妇在生产的过程中体力消耗很大，出血和褥汗排出了大量的水分，血液循环的增加也使得新陈代谢旺盛，在这个过程中产妇的身体十分虚弱，肠胃功能也比较弱，所以应选择少食多餐、干稀搭配的方式进食。每次食量不宜过大，吃七分饱为宜，这样有利于食物的消化和吸收。同时，每餐食物要做到干稀搭配：干食可以保证营养的供给，稀食则可以提供足够的水分，须哺乳者更要多增加汤、汁的摄入。月子中的饮食还应该注意清淡适宜、荤素搭配。在传统观念中认为月子中的产妇不应食用盐和调味品，其实这是个误区，少量的盐有助于增加产妇的食欲，而少量的温性调味品，如葱、姜等有利于行血，可促进恶露的排出。从营养的角度来看，不同的食物所提供的营养成分也各不相同，在月子期间除了需要多食用鸡、肉、鱼、蛋等含有高蛋白的食物外，还应食用一些性温的蔬菜、水果，可以煮热放温后食用，以保证纤维素和维生素的需求。

健康合理的膳食不但可以保证产妇的身体复原，对新生儿有更重要的意义。随着知识的普及和人们意识的提高，更多的妈妈选择了母乳喂养，因为母乳中的营养和抗体是配方奶粉所不具备的，吃母乳的宝宝成长得会更加茁壮。因此，产妇在月子期间的饮食尤为重要，不仅要吃得健康，更要保障乳汁分泌通畅。

一、成年女性正常生理状况下的营养需求

正常生理状况下成年女性所需要的各种营养成分基本上都可以从每天的饮食中获得，只要我们按照《中国居民膳食指南》提供的饮食建议去做，是可以达到合理营养、保证健康的目的的。

1. 食物多样，谷类为主，粗细搭配

人类的食物多种多样，总体来讲大致可分为五类：第一类是谷类及薯类，第二类是动物性食物，第三类是豆类和坚果，第四类是水果、蔬菜和菌藻类，第五类是纯能量食物。各类食物的营养成分含量各有侧重，其中谷类和薯类可以提供碳水化合物、蛋白质和 B 族维生素；动物性食物是蛋白质和脂肪的很好来源；豆类和坚果可以提供矿物质和维生素；蔬菜、水果可以在提供多种营养素的同时提供膳食纤维；而纯能量的食物，如动植物油、糖、淀粉等可直接供能。所以，对于食物而言，只有多样选择、合理搭配才能保证我们的膳食合理、营养均衡。

2. 多吃蔬菜水果和薯类

蔬菜和水果中含有丰富的维生素、矿物质、膳食纤维，水分多、能量低，对保持肠道功能正常、保持身体健康、提高免疫力等都

可起到重要的作用。蔬菜和水果的种类很多，所含有的营养素成分也各异。在蔬菜中，叶菜的膳食纤维含量较高，十字花科蔬菜中所含的化学成分具有抗癌功效，水生蔬菜的碳水化合物含量高。水果也是如此，例如红色和黄色的水果中胡萝卜素含量较高，枣类的维生素 C 含量高，香蕉的钾含量高等。所以食物的种类丰富，蔬菜和水果搭配，才能使身体补充全面、种类丰富的营养素。

3. 每天吃奶类、大豆或其制品

奶类食品的营养价值很高，除了可以为人体提供优质的蛋白质、维生素 A、B 族维生素和钙以外，还因其脂肪形成方式的特殊性，更有利于人体的消化吸收。大豆制品中含有丰富的植物蛋白、B 族维生素、维生素 E 等营养素，适当地食用可补充因动物蛋白的缺失而造成的营养问题。

4. 常吃适量的鱼、禽、蛋和瘦肉

鱼、禽、蛋和瘦肉都是人体优质蛋白摄入的重要来源。其中海产鱼中富含碘、钙等微量元素；禽类和蛋类的蛋白质氨基酸组成与人身需求接近，利用率高；畜肉类也是人体获得动物蛋白的重要来源之一。

5. 减少烹调油用量，吃清淡少盐的膳食

我国的传统饮食往往重油重盐，这是非常不健康的，过多的油、盐摄入量会引起很多的疾病，如肥胖、高血压、高血脂等。关于烹调油和食盐的摄入量在《中国居民膳食指南》中给出了明确的建议：建议每天每人的烹调油用量不超过 30 克，食盐摄入不超过 6 克（其中包括酱、酱油等的食盐量）。

6. 食不过量，天天运动，保持健康体重

食物提供人体所需能量，运动消耗摄入的能量，这是保持身体能量平衡的重要因素。合理的饮食，保持适当的运动是身体健康的保障。

7. 三餐分配要合理，零食要适当

合理分配三餐，定时定量的就餐同样也是保持身体健康的重要因素之一。养成健康的饮食行为是保证营养摄入均衡的前提，平日里我们可以按照早餐 25%~30%、午餐 30%~40%、晚餐 30%~40% 的比例进行安排，其间适当地选择一些零食作为三餐的补充。

8. 每天足量饮水，合理选择饮料

水是膳食的重要组成部分，适当饮水可以保持人体代谢的平衡。一般来讲，在正常的条件下每人每天饮用 1200 毫升的水即可补充身体的需求，如果遇到高温或其他特殊情况要增加饮用量。另外，对于饮料的选择要合理，一些软饮料和纯果汁中含有一定量的营养素，适当饮用可以作为膳食的补充，但不可过量。

9. 饮酒应限量

酒类饮料中的营养素含量极少，但可提

供给人体较多的能量（特别是高度的白酒），没有什么营养价值，建议没有特殊情况最好不饮酒，如需饮用也要少饮适量为宜。

10. 吃新鲜卫生的食物

食物中所含的营养素会随着保存时间的增长而不断地流失，同时有些食物还会因保存时间过长而变质，形成一些对人体有毒、有害的物质。采购和食用新鲜的食材、对食物进行合理储藏、保持良好的卫生和烹调环境，这些都是健康饮食的重要保障。

二、哺乳期女性的营养需求

生育是女性一生中非常特别的阶段，从妊娠到分娩直至哺乳，其生理和心理上都会发生很大的变化。特别是在哺乳期间，刚刚生产后的新妈妈不但要补充自身分娩时所损耗的营养储备，以促进各器官和系统功能的恢复，还要分泌足量优质的乳汁来哺育宝宝成长发育。在此期间，合理安排饮食、保证产后充足的营养供给尤其重要，它可以缓解新妈妈产后的情绪并有助于其自身的恢复，同时还有助于及时开乳，为新生宝宝提供充足、优质的母乳。

产妇从分娩到生殖器官恢复至非妊娠期状态一般需要 6~8 周，这段时间被称为“产褥期”，也就是民间俗称的“坐月子”。在我国的传统中，“月子”期间往往要食用大量的鱼、禽、蛋等动物性食物，而蔬菜、水果被认为是寒凉食物，不让产妇食用，这是很不科学的。只要产妇在普通正常饮食中加以注意，结合自身生理需求的特点，通过科学合理的方式调整和安排每天的饮食，一定可以在补充自身所需能量的同时，成功地开乳、泌乳，为宝宝健康的成长发育提供保障。

三、产褥期及哺乳期女性应注意的营养问题

根据产妇的生理需求特点，结合正常生理状况下成年女性的营养需要，在上述的普通饮食建议基础上特别为产褥及哺乳期的女性增加了以下五条饮食建议。

1. 增加鱼、禽、蛋、瘦肉和海产品的摄入，保障优质蛋白的摄入量

婴儿最理想的食物是母乳，而母亲乳汁中的蛋白质营养状况对泌乳又起着非常重要的作用。当乳母膳食中蛋白质的质和量都不理想时，乳汁分泌量会相应减少甚至没有。营养良好的乳母每天的泌乳量应在 800 毫升以上，以膳食蛋白转变为乳汁蛋白的转换率为 70% 做基础计算，建议每天增加 20 克左右的蛋白质摄入，使乳母的每天蛋白质摄入总量达到 100 克 ~150 克，与此同时还要保证其中 1/3 以上是优质蛋白。鱼、禽、蛋、瘦肉等动物性食品都是优质蛋白的主要来源，如果产妇食用有困难，可适当多增加大豆类食品的食用量，这样也可有效地补充优质蛋白质。

2. 多食用含铁丰富的食物

由于妊娠和分娩，女性体内的血容量和血红蛋白逐渐增加，慢慢地会有贫血的现象发生。有研究表明，孕期缺铁性贫血仍然是我国孕产妇的常见病和多发病，这一病症也会影响到产后女性的恢复和哺乳。产后由于哺乳的原因，新妈妈对铁的需求进一步加大，需要多食用含铁丰富的食物来缓解贫血现象的发生。如果情况严重还需就医，在医生的指导下进行药物的补充。同时，还要注意多摄入富含维生素 C 的蔬菜、水果，在保证铁的摄入同时补充维生素 C，可以促进铁的吸收和利用。

铁含量丰富的常吃食物

种类	食物名称	数量（毫克 /100 克）
海产品及藻类	紫菜（干）	54.9
	蛏子	33.6
	河蚌	26.6
	蛤蜊（均值）	10.9
肉、蛋、禽类	鸭血	30.5
	鸡血	25.0
	鸭肝	23.1
	猪肝	22.6
	鸡肝	12.0
菌类	木耳（干）	97.4

3. 适当增加奶类和含钙丰富的食物摄入量，多喝汤水

《中国居民膳食指南》建议乳母钙的适宜摄入量达到了 1200 毫克 / 天。在这个阶段，奶及奶制品无疑是膳食中最好的天然钙的来源，因为每 500 毫升牛奶中就可获得 600 毫克的优质钙。奶及奶制品不但钙含量丰富，还富含蛋白质和几乎所有的维生素种类，特别是其中维生素 A 和维生素 B_2 的含量更高，这些都是在哺乳期间需要补充的营养素。由于奶类产品的乳糖含量高，有些产妇在食用奶及奶制品时会有乳糖不耐受的情况发生，因而无法进食。如果食用奶制品有困难，也要注意多食用含钙丰富的食物以保障足够的摄入量。因为当乳母膳食中钙的摄入量不能满足需求时，其自身骨骼中的钙将被动用来维持乳汁钙量的稳定，而乳母自身会因缺钙而容易

患上骨质软化症，出现肌肉痉挛等症状。

在注意钙的补充同时，乳母还应注意多饮用汤水，因为泌乳量的多少与每天摄入的水量是密切相关的。当摄水量不足时，乳汁的分泌就自然会相应减少，所以多饮用汤水对确保正常的泌乳至关重要。一般营养状况良好的乳母前6个月每天的泌乳量都会达到800毫升以上。由于分娩消耗大量的体力，同时产妇的基础代谢旺盛易出汗，多饮用一些营养丰富的鱼汤、鸡汤等可以在增加水量的同时补充能量。另外，大骨汤和豆腐汤也是不错的选择，搭配一些蔬菜共同炖煮还可增加营养素的种类，使其营养更均衡。在食用汤水时需注意尽量保持清淡，不要过于油腻，过多的脂肪摄入不但会对产妇自身恢复产生影响，而且还会影响乳汁的分泌。

钙含量丰富的常吃食物

种类	食物名称	数量（毫克/100克）
海产品及藻类	紫菜（干）	264
	海虾	146
	蛤蜊（均值）	138
菌类	木耳（干）	247
蔬菜	油菜	108
	芹菜	80
奶类、豆类及制品	豆腐干	308
	黄豆	191
	豌豆	97
	豆腐花	175
	鲜牛奶	104

4. 食物多样化、不过量、保证摄入充足的蔬菜和水果

在我国的习俗中，“坐月子”禁食蔬菜和水果，这一点对产妇的健康非常不利。产妇在分娩过程中体力消耗大、腹部肌肉松弛且运动量小，使得肠蠕动变慢，容易发生便秘的现象。新鲜的蔬菜、水果中含有大量维生素、矿物质和膳食纤维，适当、合理地搭配食用不但可以及时补充多种营养素、缓解便秘情况的发生，还可提高乳汁中营养素的含量，对新生婴儿也是非常有益的。所以产妇的饮食更应种类多样化，充足地食用蔬菜和水果，为宝宝健康地成长提供保障。

不溶性膳食纤维含量丰富的常吃食物

种类	食物名称	数量（克 /100 克）
蔬菜	黄花菜	7.7
	春笋	2.8
	芹菜叶	2.2
	大豆角	2.0
	西蓝花	1.6
菌类	干香菇	61.7
	干银耳	30.4
	干木耳	29.9
	口蘑	17.2
水果	库尔勒梨	6.7
	鸭广梨	5.1
	干红枣	6.2
	石榴	4.8
	猕猴桃	2.6
海鲜	干紫菜	21.6

5. 忌烟酒、避免饮浓茶和咖啡；科学地运动、保持健康的体重

乳母无论是吸烟，还是饮用酒、浓茶和咖啡，都会通过乳汁影响到婴儿的健康，所以在哺乳期间还是要注意避免。另外，建议哺乳期的女性朋友在注意合理膳食的基础上，还应保持适当的运动。在保证充足的休息和睡眠、避免过劳或过早负重的前提下，适当地运动（例如做一些产后健身操等）不但可以促进自身机体的恢复，还可以减少产后并发症的发生，同时还可保持健康的体重，这一切都有助于缓解产后生理和心理上的压力。

第二部分
月子期的食补原则 & 饮食禁忌

一、坐月子不能摄取盐分吗

产后，由于妊娠期的水分需要排出，所以在分娩后一至两周内会出现尿量增加和大量出汗的情况。这种情况下，每天保证充足的饮水和食物中盐分的补充显得尤为重要。食盐中含有钠，如果严重缺钠，新妈妈就会发生血压下降、头昏眼花、恶心呕吐等不适症状，并且容易疲劳。限制新妈妈钠的摄入，影响了体内电解质的平衡，也会影响新妈妈的食欲，进而影响新妈妈的泌乳，最终影响婴儿的生长发育。

在分娩过程中，新妈妈会丢失大量的体液，汗水和泪水也是不能避免的，这就会导致体内盐分过度丢失，严重者还会产生低钠血症，从而给身体带来更加严重的并发症。摄入盐分是最快、最有效的纠正电解质紊乱的途径，所以产后一定量的食盐摄入是必需的。

但是，如果新妈妈每天摄入食盐太多，就会加重肾脏以及心脏的负担，对身体非常不利，还会导致血压升高等情况的发生。特别是母乳喂养的妈妈们，由于宝宝刚刚出生，肾脏功能还不完善，如果母乳中的盐分太多，也会给宝宝带来一定影响。

所以，月子里的新妈妈不能过多摄入食盐，也不能“忌盐”。可以适当吃盐，但是对于那些平时口味就很重的新妈妈来说，应该适当控制盐分的摄入量，饮食尽量清淡。

二、坐月子适合吃什么

月子期间的饮食应当营养全面。除了需补充蛋白质之类食物，如鸡、肉、鱼等，还要摄入足够的碳水化合物——也就是我们所说的主食，配以适量的蔬菜、水果。

有些观点认为产后月子期以温补为主，这些人还认为蔬菜大多为凉性的，产后应多吃荤菜、鸡蛋补充体力，不吃或少吃蔬菜。其实，大多数蔬菜只要经过适当的烧煮，性味不一定是寒性的。蔬菜和水果中的水分和纤维素，对防止新妈妈生产后便秘也是有利的。所以产后仍应多吃蔬菜，适当地吃水果。

对于剖宫产术后的妈妈来讲，术后需要等待排气，也就是肠道功能恢复后才可以进食。不论顺产还是剖宫产的妈妈，在产后第一周都需要在饮食上清淡些，同时需要适量补充水分，因为产程中新妈妈的体液丢失严重，如果不能及时补充水分，很容易导致脱水、电解质紊乱，甚至没有乳汁。

三、坐月子忌吃什么

月子期间的饮食忌食生冷，尤其冷饮、蟹类等属寒凉的食物不要食用。

一方面，月子期间是新妈妈身体恢复的时间，自然分娩的妈妈，由于自然产程较长，会消耗很多的体力及能量，且由于需要适应生产，身体各个组织器官及关节都会产生相应的变化，在月子期间，这些改变都需要慢慢恢复。所以在饮食上，需要避免生冷食物、刺激性食物以及寒凉食物，如蟹类等。饮食上应以温补为主。

对于剖宫产的新妈妈来说，产后还要顾及伤口的恢复。辛辣或刺激性的食物会导致手术伤口闭合过迟。进食生冷的食物可能会导致腹泻等不适，需要反复起床，这样也会导致手术切口生长不良或者伤口裂开等并发症，不但增加了新妈妈自身的痛苦，同时也会影响正常哺乳。

另一方面，母乳喂养对新妈妈的饮食会有一些限制，由于妈妈进食的很多营养成分会通过乳汁带给宝宝，在宝宝刚出生的阶段，他们的胃肠道功能还没有发育完

全，所以这时候如果新妈妈进食了不易消化的或生冷的食物，就会导致宝宝胃肠道功能紊乱，甚至腹泻等情况发生。在坐月子期间，新妈妈的饮食不仅影响自身的身体健康，更会影响宝宝的消化功能，妈妈们需要格外注意。

四、剖宫产早期饮食需要注意什么

剖宫产术后，由于麻醉、卧床、伤口疼痛及术后活动相对减少，大部分的新妈妈都会出现便秘、排便时腹痛或排便困难等症状。所以，我们经常听到医生叮嘱术后的新妈妈在麻醉时间过后尽早下地活动，目的就是为了防止脏器粘连，尽早排气以恢复肠道功能。只有排气后才能恢复正常进食。所以，在剖宫产 1 周内饮食应以营养丰富、易消化吸收的食物为主，例如鸡（排骨）汤面、红枣小米粥等，同时可适当增加促进肠道蠕动的食物，如萝卜汤等。

五、坐月子的食补原则

月子期间的饮食应以温补、食补为主，多补充汤汁类的食物，哺乳期间的新妈妈最好不要食用补益药物。从医学的角度来说，产妇由于分娩消耗大量体力，分娩后体内激素水平大大下降，新生儿和胎盘的娩出，都使得产妇代谢降低，体质大多从内热到虚寒。因此，中医主张产后宜温补，过于生冷的食物不宜多吃，如冷饮、冷菜、凉拌菜等。从冰箱里拿出来的水果和菜最好温热过再吃。特别需要注意的是，一些凉拌菜未经高温消毒，新妈妈产后体质较弱，抵抗力差，容易引起胃肠炎等消化道疾病。多食一些寒性的水果，如西瓜、梨等，对于某些脾胃虚弱者，可能引起拉肚子，从而影响产妇的身体健康。而这时候的妈妈由于要进行哺乳，所以又间接影响到宝宝的生长发育，妈妈们应该特别注意。在整个月子期间，新妈妈体内的钙流失很严重，所以建议每天补钙，并且应该坚持至产后半年。

第一周：刚刚经历过生产，无论是自然分娩还是剖宫产，此时都是新妈妈最重要的恢复时间。经历了痛苦的产程，刚刚生产完的这一周仍然会感到疲劳。对自然分娩的妈妈来说，体能过度消耗，如果在分娩时还经历了会阴侧切手术，在这段时间就更加辛苦，不但要忍受会阴部伤口的疼痛，还要经历排便用力时伤口加剧疼痛的痛楚。而对于剖宫产的妈妈，则更加辛苦，不但要忍受手术刀口的疼痛，以及伤口疼痛所带来的行动不便，更要面对剖宫产手术后奶水分泌延迟的苦恼。所以在这个阶段，饮食上应该以恢复元气、休养伤口为原则。妈妈可以适当补充体力，可以多喝乌鸡汤、鸽子汤来促进伤口生长，同时也应该保证充足的营养摄入，适当摄入优质蛋白，如鸡蛋、鸽子蛋及瘦肉类来增加体力。需要注意的是，在产后第一周，并不适合补充大量富含油脂的汤类，一些旧观念认为产后需要马上补充荤汤来给产妇下奶，实际上这种观点是错误的。因为在产后早期过多摄入油脂会导致乳腺管堵塞，从而影响下奶，有些产妇甚至会没有乳汁分泌。所以，在产后 1 到 2 周内，饮食上应该保持相对清淡，多进食质量高的食物。应该保证每天汤、水、奶的摄入，但是在汤类的选择上应避免过于油腻的汤，如猪蹄汤等。

第二周：此时的妈妈已经慢慢度过产后行动不便、伤口疼痛的阶段。剖宫产的

妈妈也可以进行伤口拆线了。但是由于在分娩的过程中体能消耗过大、体液及血液丢失，这时候的新妈妈仍然会有乏力、易疲劳等不适。此外，由于宝宝刚出生，作息时间还不固定，并且宝宝的胃比较小，每次只能进食少量的奶。母乳喂养的妈妈会因为频繁喂奶而影响休息，此时的妈妈们会在情绪上感到烦躁，虽然伤口已经接近复原，但是每天仍有恶露排出。所以在饮食上应该以补气补血为原则。除了食补，

妈妈们更应该调整自己的情绪，及时抒发自己的情感，多和爱人及家人进行沟通和交流，不要把委屈和负面情绪掩藏在心里，这样很容易产生焦虑情绪或发生产后抑郁。

第三周：此时的妈妈们身体已经基本复原，自我感觉也比较有精神了，不再是每天乏力犯困了，这时候在饮食上应该适当增加一些促进下奶的汤品，喝汤下奶稳定奶量，保证宝宝的“口粮”。这个时候，可以适当进补一些鲫鱼汤、猪蹄汤等促进乳汁分泌。此外，在饮食上还应该注重加强补钙，因为母乳喂养的妈妈钙流失更多，需要及时补充，以防止由于低钙造成的腰腿疼痛等症状。在烹制美味的催乳汤的同时，我们应该注意到，过多的油脂摄入可能会对宝宝的健康造成影响，因为汤中的油脂多了，妈妈的乳汁中的脂肪含量自然也会增加，而新生儿的胃肠道消化和吸收功能并不完善，所以可能会导致宝宝腹泻。这时候，我们应该将汤熬制好，自然放凉，然后撇去汤表面的油脂层，再次热开后饮用。

第四周：在经过了伤口复原、体能恢复、初次哺乳等一系列月子里的必经阶段后，大部分的妈妈们在第四周已经开始适应了月子期的生活，同时也跟自己的宝宝建立了感情。眼看月子期就要平稳地度过了，自己的奶量也慢慢稳定下来，妈妈的心情都会慢慢地好起来，看着自己可爱的宝宝，觉得再辛苦也是值得的。需要注意的是，在这个阶段，身体并没有真正的完全复原，子宫的复旧需要42天甚至更长的时间，一些产妇的恶露也并没有完全排净，所以这个阶段仍是非常重要的。这个阶段的饮食原则不变，仍应该以温补为主，同时继续补充汤水，以巩固奶量。同时，新妈妈也应该继续在饮食上加强补充钙质及维生素，为将来更好地哺乳及身体复原打好基础。

第三部分
健康营养月子餐

一、产后第一周

产后第一周的恢复原则为：排出恶露，纠正水钠失衡，促进伤口复原。

在产妇生产后的第一周，不论是自然分娩还是剖宫产，新妈妈们都会有暗红色的血液从阴道排出，这就是恶露。产后第一周恶露量较多，颜色鲜红，含有大量的血液、小血块和坏死的蜕膜组织，称为红色恶露。持续3~4天，子宫出血量逐渐减少，一周以后至半个月内，恶露中的血液量减少，较多的是坏死的蜕膜、宫颈黏液、阴道分泌物及细菌，使得恶露变为浅红色的浆液，此时的恶露称为浆性恶露。浆液恶露持续10天左右，浆液逐渐减少，白细胞增多，变为白色恶露。半个月以后至3周以内，恶露中不再含有血液了，但含大量白细胞、退化蜕膜、表皮细胞和细菌，恶露变得黏稠，色泽较白，所以称为白色恶露。这就是整个产后恶露排出的过程。也就是说，在产后第一周恶露是最多的。这时候产妇的饮食应以“排”为主，可以适当喝红糖水，由于在分娩过程中丢失部分血液，红糖不仅含铁，而且饮用红糖水还可以促进恶露排出，所以在产后7~10天，每天可饮用红糖水或食用红糖制作的食物。

此外，由于新妈妈在生产过程中消耗了很多能量，在饮食上应该给予补充，新鲜的鸡蛋富含优质蛋白质，是不错的选择。适量地食用动物肝脏及血制品也可以帮助妈妈们补血及补充体力。在妊娠晚期，由于水钠潴留，很多准妈妈都有水肿的表现，在生产结束后，体内过多的水分会排出体外，这时候很容易造成水、电解质代谢紊乱。所以均衡、营养的饮食结构是产妇产后恢复的重要保障。就像本书中第一部分所提到的，如果在产后过分限盐限水，则有可能加重妈妈们的电解质紊乱，甚至对下奶产生不良影响。饮食上也不宜过于油腻，因为此时泌乳程序刚刚启动，过早进食油腻食物可能会导致乳腺泌乳不畅甚至没有乳汁，甚至导致产妇患上乳腺炎等不良结果。

对于剖宫产术后的妈妈来讲，术后第一周，也就是产后第一周，是比较痛苦的，由于手术刀口还没有完全复原，在行动上会造成不便。但是，术后久卧于床会造成伤口粘连、恶露排出不畅，所以，对于剖宫产的妈妈，术后还是鼓励尽早下床。在生产后的第一周，可以适当增加营养以促进伤口愈合，可适量饮用乌鸡汤、清炖鸽子汤等。

无论是剖宫产还是自然分娩，在产后第一周都要面临排便困难的问题，这是绝大多数产妇会遇到的。所以在饮食上应该适量增加膳食纤维，同时可以增加以萝卜作为主要食材的菜品。建议食用经过蒸或煮的水果，这些食物纤维可以很好地起到促进肠蠕动的功能，从而缓解便秘及排便困难。合理的饮食结构可以使妈妈们在月子期间形成正常的排便习惯，在以后的哺乳期也能受益。

在产后的1~2周，新妈妈不但要排出恶露，同时还要愈合自然分娩时的会阴侧切伤口或剖宫产时的腹部刀口。所以，应该格外重视这段时间的饮食，对产妇的身体恢复大有帮助。在恶露排出的这段时期，新妈妈不宜大补，饮食应以清淡、稀软为原则，尽量多样化，尽量不吃桂圆、人参等补益性食品。因为产后进食过于大补的食物容易导致血管扩张、血压不稳定，容易加剧出血，延长子宫的恢复期，造成恶露不绝。在伤口恢复期间，应该避免食用辛辣刺激食物，不喝碳酸饮料，可以吃些富含碳水化合物、优质蛋白质、维生素A、维生素C的食物，如瘦肉、牛奶、蛋类、胡萝卜、番茄等。

产后第一周的饮食建议

顺产的新妈妈在产后稍作休息就可以开始进食第一餐了。这一餐应以容易消化的流食或半流食为主，例如，冲调一些藕粉，食用一点小米粥，饮用一些红糖水等。如果肠胃功能恢复得不错，从第二餐开始就可以食用普通食物了，但应该注意还是要食用较为软烂的食物，配以清淡的汤水。如果恢复得较慢，还是要以半流质的饮食为主。

刚做完剖宫产手术的新妈妈需要等胃肠功能有所恢复后才可以进食，通常要术后排气才可以。与顺产的妈妈一样，第一餐也是应以流食或半流食为主。由于做完剖宫产的新妈妈会恢复得慢些，所以建议多吃一到两天的半流食后再转为普通的饮食。

建议在分娩后数小时内最好不要食用鸡蛋，因为生产的过程中新妈妈消耗了大量的体力，出汗多，体液不足，消化能力也相应地减弱，产后立即食用鸡蛋会增加胃肠负担。应该先从米汤、小米粥开始进食，待肠道功能恢复后方可食用。另外，刚刚生产的新妈妈往往行动不便，会影响到排气，一些胀气的食物，如牛奶、豆浆等也要等一两天后再食用。如果新妈妈排气困难，可用萝卜煮水后温热饮用。对于分娩后新妈妈来说，最重要的事情就是开乳。建议在乳腺管还没有全部畅通之前，不要食用脂肪含量较高的食物，否则会堵塞乳腺管，直接影响泌乳，严重的情况下还会导致新妈妈发烧，增加患乳腺炎的概率。

总之，产后的第一周要以清淡饮食为主，饮用适量的红糖水以帮助恶露的排出。产后的第一、二天多以半流食为主，第三

天开始可加入鸡蛋、牛奶等蛋白质含量丰富的食物，少食多餐，让肠胃功能慢慢恢复到正常状态。

附：食谱参考

（一）产后第一、二天

餐次	食谱	数量	热量（千焦估值）
第一餐	红糖小米粥	150克（小米25克+红糖25克+水适量）	785（小米378+红糖407）
加餐	白萝卜汤	150克(白萝卜50克+水适量）	47
第二餐	小米粥	150克（小米50克）	755
加餐	藕粉	100克	300（估值）
第三餐	番茄挂面汤	200克 （番茄50克+挂面50克+水适量）	770 （番茄43+挂面727）
合计			2657
总能量摄入	2657千焦+油、盐等少量调味品约为3000千焦。		

注：

1.1 千焦 =0.239 千卡

2. 产后第一、二天饮食要根据个体情况差而定，如果产妇恢复得快、胃口好，在食用量上要适当地增加（特别是顺产的产妇），第二天在面汤中可增加鸡蛋补充优质蛋白。

（二）产后第三天

餐次	食谱	数量	热量（千焦估值）
早餐	什锦素包子	50 克	300（约）
	鲜牛奶	250 毫升	614
	煮鸡蛋	50 克	300
加餐	红糖老姜茶	200 克（姜 20 克 + 红糖 50 克 + 水适量）	852（姜 38+ 红糖 814）
午餐	米饭	100 克	492
	温拌瓜条	黄瓜 100 克	16
	白菜肉卷	150 克（大白菜 100 克 + 猪肉馅 50 克）	903（大白菜 76+ 猪肉馅 827）
	虾仁蒸蛋羹	约 100 克（鲜海虾 50 克 + 鸡蛋 1 个）	450（番茄 150+ 鸡蛋 300）
	牛肉萝卜汤	150 克（白萝卜 50 克 + 牛腩肉 50 克）	308（白萝卜 47+ 牛腩肉 261）
加餐	水果蒸	100 克（木瓜 50 克 + 苹果 50 克）	170（木瓜 60+ 苹果 110）
晚餐	番茄卤面	面条 100 克	1195
		番茄卤 100 克（番茄、鸡蛋、木耳各适量）	300
加餐	鲜牛奶	250 毫升	614
合计			6514
总能量摄入	6514 千焦 + 油、盐等少量调味品约为 7200 千焦（15 克花生油的热量约为 550 千焦）。		

注：1 千焦 =0.239 千卡

美味菜肴

麻酱菠菜

主料：菠菜 100 克、芝麻酱适量

调料：生抽、醋各适量

做法：

① 菠菜洗净，切成寸段，锅中加入适量的水，焯后捞出备用。

② 准备一只干净的碗，放入适量的芝麻酱，逐渐加入适量的生抽、醋顺同一方向搅拌，将芝麻酱调成稠稀适中的酱料（加生抽时要分多次少量加入，注意咸淡，不要过咸）。

③ 将调好的芝麻酱加入焯好的菠菜中拌好即可。

营养贴士：菠菜中铁、钾元素含量相当高，同时还含有丰富的维生素 K、维生素 A，芝麻酱中含有丰富的维生素和矿物质，尤其钙含量很高，同时还含有卵磷脂和油脂，且味道香醇，拌制成凉菜食用美味可口。

水果蒸

主料：木瓜半个（约 150 克）、苹果半个（约 100 克）

配料：红枣 20 克

做法：

① 木瓜、苹果洗净，切成滚刀块，红枣洗净，盛盘备用。

② 蒸锅上汽后，放入盛有木瓜、苹果和红枣的盘子，中火蒸 20 分钟左右，关火即可。

营养贴士：木瓜营养丰富，富含多种维生素、矿物质、木瓜酵素和膳食纤维等，同时有催乳作用，很适合产妇食用。苹果除了含有多种维生素外还含有锌元素，锌元素是儿童成长发育所必需的元素。苹果与木瓜一同蒸制食用，有帮助产妇产乳、促进肠蠕动的功效。

姜丝木耳炒蛋

主料：干木耳 20 克、鸡蛋 2 个

配料：姜 50 克

调料：盐 4 克

做法：

① 木耳泡发 2 小时左右，洗净，控水备用。

② 取 1 只干净的碗，将鸡蛋磕入打散，姜切成细丝。

③ 锅中放入食用油，烧至五六成热时放入打散的鸡蛋翻炒，盛出备用。

④ 锅中再次放入少许食用油，加入姜丝炒香，之后加入木耳中火炒 3~5 分钟。

⑤ 放入炒好的鸡蛋，加盐，大火翻炒 2~3 分钟后关火出锅。

营养贴士：木耳是一种富含多种维生素和微量元素的菌类。姜属姜科植物，中医入药，认为有预防和治疗感冒的功效。鸡蛋含有丰富的蛋白质和多种氨基酸，易于人体吸收。三种食材搭配食用，可起到提高免疫力、缓解心烦失眠的功效。

萝卜炖豆腐

主料：白萝卜 300 克、北豆腐 100 克、海米 20 克

配料：姜、葱各少许

调料：盐 5 克

做法：

① 白萝卜洗净、去皮，切成细丝，葱切细段、姜切丝备用。

② 将北豆腐洗净，切成 2 厘米宽、4 厘米长的块，干净的碗中加入清水，放入 2 克盐，把豆腐块放入水中腌 10 分钟左右捞出备用。

③ 海米洗净，放入另一只干净的碗中，加清水泡 10 分钟左右。

④ 锅微热后放入适量食用油，加入姜、葱炒出香气，将白萝卜丝入锅，中火翻炒 4~5 分钟。

⑤ 锅中加入北豆腐和海米，加入余下的盐，继续炖 4~5 分钟后关火出锅。

营养贴士：中医认为白萝卜有通气养胃的功效。海米由海虾晾晒而成，含有丰富的镁、磷、钙等微量元素，有通乳的功效。豆腐中富含钙、铁、镁、钾等微量元素和 B 族维生素，营养价值极高。三种食材搭配炖制，味道鲜美，营养更全面。

虾皮小白菜

主料：小白菜 400 克、虾皮 50 克

调料：八角 1 个、盐 4 克

做法：

① 小白菜择好，洗净备用。

② 锅中放入食用油和 1 个八角，炒香后加入虾皮稍做翻炒。

③ 将小白菜放入锅中，大火翻炒 2~3 分钟后加入适量的盐，翻炒均匀后关火即可。

营养贴士：小白菜属十字花科，含有丰富的维生素和矿物质，特别是其中维生素 C 和胡萝卜素比大白菜高出很多。同时，由于小白菜中所含的膳食纤维可刺激肠蠕动，有助于产妇缓解便秘。

虾仁豆腐

主料：胡萝卜半根、豌豆粒 50 克、玉米粒 50 克、北豆腐 200 克、鲜海虾 200 克

配料：姜、葱各少许

调料：盐 5 克、淀粉少许

做法：

① 胡萝卜洗净、去皮，切成 1 厘米左右见方的小丁，豌豆粒、玉米粒洗净，鲜海虾去皮，剥成虾仁，葱切细段、姜切丝备用。

② 将北豆腐洗净，切成 2 厘米宽、4 厘米长的块，干净的碗中加入清水，放入 2 克盐，把豆腐块放入水中腌 10 分钟左右，捞出备用。

③ 另准备 1 只碗，放入少许淀粉，加入适量的清水拌成水淀粉。

④ 锅中放入清水，烧开后分别将胡萝卜丁、豌豆粒和玉米粒放入水中焯 2~3 分钟，捞出控水。

⑤ 锅微热后放入适量食用油，加入姜、葱炒出香气，将虾仁放入锅中小火翻炒。

⑥ 虾仁炒至 7 成熟时加入豆腐块、焯好的胡萝卜丁、豌豆粒、玉米粒，改中火，加盐翻炒 2~3 分钟。

⑦ 锅中加入水淀粉，改用大火翻炒收汁后关火出锅。

营养贴士：海虾中含有丰富的镁、磷、钙等微量元素，有通乳的功效。豆腐中富含钙、铁、镁、钾等微量元素和 B 族维生素，营养价值极高。搭配胡萝卜、豌豆和玉米三种蔬菜炒制，营养更全面，且色彩丰富，提高食欲。

小鸡炖平菇

主料：鲜平菇 100 克、童子鸡 1 只（约 600 克）

配料：葱少许、姜少许

调料：盐 6 克、料酒少许

做法：

① 平菇洗净，手撕成条，鸡洗净切成 4~5 厘米的块，葱切段、姜切片备用。

② 将切好的鸡块入凉水锅后焯水，盛出备用。

③ 锅中放入姜片、葱段，加入适量的水烧开后，放入焯好的鸡块，加入料酒，小火炖煮 30 分钟。

④ 将洗净的平菇放入锅中，加入适量的盐，再小火炖煮 10 分钟左右，关火即可。

营养贴士：平菇是一种木腐菌类，富含多种维生素和矿物质，特别是含有多糖和硒元素，具有提高人体免疫力的作用。鸡肉中的蛋白质含量比例较高且种类多，容易被人体吸收利用，中医认为食用鸡肉具有温中益气、补虚填精的功效。平菇和鸡肉搭配食用美味开胃，营养全面，增加食欲。

肉片丝瓜

主料：丝瓜 300 克、猪里脊肉 100 克

配料：姜、葱各少许

调料：盐 4 克、生抽 2 汤匙

做法：

① 丝瓜洗净，削去外皮，切成 1 寸左右的滚刀块，猪里脊肉切成薄片备用。

② 葱切细段，姜切丝备用。

③ 锅中放入少许食用油，放入猪里脊肉，煸香后加入葱、姜、适量生抽，中火炒至肉片七成熟。

④ 放入丝瓜块，加入适量的盐，中火翻炒 3~5 分钟后关火出锅。

营养贴士：丝瓜含有丰富的维生素和微量元素，其中每百克丝瓜就含有 28 毫克的钙和 45 毫克的磷。同时，中医认为丝瓜还具有通络的作用，可以帮助产妇催乳。

白菜肉卷

主料：大白菜 400 克、猪肉馅 100 克

配料：葱、姜各少许

调料：香油少许、生抽 1 汤匙、盐 4 克

做法：

① 大白菜取叶片部分，整片洗净，葱、姜切末备用。

② 准备 1 只干净的拌碗，将猪肉馅、葱、姜末放入碗中。

③ 碗中加入适量的食用油、盐、生抽和少许香油，顺时针方向搅拌直到肉馅上劲。

④ 锅中放入适量水，烧开后下入白菜叶焯 1~2 分钟，捞出控水备用。

⑤ 将控过水的白菜叶平铺在案板上，用勺将拌好的肉馅均匀地抹在白菜叶上，再用叶片将肉馅包成 6 厘米长、3 厘米宽的肉卷放入盘中。

⑥ 将盛有肉卷的盘子放入蒸锅中，大火蒸 10 分钟即可。

营养贴士：白菜俗称百菜之王，营养价值丰富，富含钙、铁、钾等微量元素和多种维生素。同时，它还含有丰富的膳食纤维，食用可以起到促进肠蠕动的功效。猪肉馅中含有丰富的动物蛋白和脂肪，搭配白菜制成肉卷食用不但营养全面，而且制作简单、美味可口。

胡萝卜烧鸡块

主料：鸡腿 1 斤、胡萝卜 1 根

配料：葱、姜、蒜各少许

调料：盐 4 克、糖少许、生抽 2 汤匙、料酒 1 汤匙

做法：

① 鸡腿洗净，切成 4 厘米左右的小块后放入锅中，加入冷水，大火烧开焯出血沫后关火，盛出控水。

② 胡萝卜洗净后，切成滚刀块，葱切段、姜切薄片、蒜剥皮备用。

③ 锅中放入适量的食用油后，加入糖翻炒出小泡后放入葱、姜、蒜和鸡块，大火翻炒 2~3 分钟。

④ 依次将生抽、料酒、适量的水和盐加入锅中，中火炖 4~5 分钟。

⑤ 锅中加入胡萝卜，继续中火炖 4~5 分钟后，大火收汁即可。

营养贴士：鸡肉中的蛋白质含量丰富，属于低脂肪、高蛋白质的动物性食品。鸡腿肉相对鸡的其他部位肉质更厚实，同时在整只鸡中也是铁含量最高的部分，搭配维生素 A 含量丰富的胡萝卜一起炖制食用，营养上更能相互补充。

清蒸鲈鱼

主料：鲜鲈鱼1条（约1.5斤左右）

配料：葱、姜各适量

调料：料酒2汤匙、蒸鱼豉油2汤匙

做法：

① 鲈鱼去鳞和内脏后洗净、控水，在鱼两面分别用刀划出两三个开口，以便入味。

② 葱、姜洗净，均切成5厘米长的细丝备用。

③ 将料酒均匀地涂抹在鱼的表面及鱼腹内后，取一半葱、姜丝放入鱼腹中，取1只干净的盘子，在盘子上架双筷子，将鱼放在筷子上。

④ 将鱼盘放入锅中，上汽后大火蒸七八分钟关火。

⑤ 另取1只干净的盘子，将蒸好的鱼移至盘中，把剩下的葱、姜丝摆在蒸好的鱼上，浇上蒸鱼豉油。

⑥ 锅中放入适量的食用油，大火烧热后关火，将油淋在浇过蒸鱼豉油的鱼上即可。

营养贴士：鲈鱼富含蛋白质、维生素A和B族维生素，同时脂肪含量低，易于人体吸收。蒸鱼时架筷子是为了将鱼和盘子隔开，蒸鱼时的水会有腥味，隔开后可以很好地使水汽落在盘子中，而不沾在鱼肉上。

金枪鱼炒什锦

主料：黄色彩椒1个，金枪鱼罐头200克

配料：西蓝花100克，胡萝卜50克，草菇100克

调料：橄榄油适量，盐3克

做法：

① 彩椒洗净，从顶部切开，掏出内部的菜子，变成盅状备用。西蓝花洗净，择成小朵，胡萝卜洗净，去皮切片，草菇洗净，一切两半。

② 锅内放入清水，加入几滴橄榄油，煮开后放入西蓝花，汆煮至七分熟后捞出控干水分。

③ 重复上述方法将草菇焯水至七分熟，捞出控干。

④ 炒锅加入少许橄榄油，烧至温热，加入西蓝花、草菇翻炒至熟后，加入胡萝卜片翻炒。

⑤ 调入盐、翻炒均匀。

⑥ 加入金枪鱼，迅速翻炒均匀后关火。

⑦ 将菜盛入彩椒盅即可。

胡萝卜牛肉丝

主料：胡萝卜 1 根、牛里脊肉 150 克

配料：姜、葱各少许

调料：盐 4 克、生抽 2 汤匙、料酒 1 汤匙、干淀粉适量

做法：

① 牛里脊肉洗净、切丝，加入 1 汤匙生抽、1 汤匙料酒和适量的干淀粉拌匀，腌制备用。

② 胡萝卜洗净、切成细丝，葱切细段，姜切丝备用。

③ 锅微热后放入适量的食用油，加葱、姜炒香后加入肉丝中火翻炒。

④ 肉丝炒至七成熟后，加入 1 汤匙生抽和切好的胡萝卜丝，大火炒 2~3 分钟。

⑤ 放入适量的盐翻炒均匀后关火出锅。

营养贴士：牛肉富含动物蛋白，相对其他肉类食品脂肪含量较低，其氨基酸组成比猪肉更接近人体需要，更易吸收，食用能提高机体的免疫力。胡萝卜富含多种维生素，与牛肉搭配炒制，可在营养素方面起到相互补充的作用。

冬瓜丸子汤

主料：冬瓜 100 克、猪肉馅 100 克

配料：葱、姜、香菜各少许

调料：香油少许、生抽 1 汤匙、盐 4 克

做法：

① 冬瓜洗净、去皮，切成1厘米左右厚的片，葱一部分切细段、一部分切末，姜切末，香菜切成寸段备用。

② 准备 1 只干净的拌碗，将猪肉馅、葱、姜末放入碗中。

③ 碗中加入适量的食用油、2 克盐、生抽和少许香油，顺时针方向搅拌直到肉馅上劲儿。

④ 取 1 只大小适中的勺子，将肉馅分成等份，团成丸子形状。

⑤ 锅中放入适量水，加入葱和冬瓜中火煮开。

⑥ 将丸子用勺放入锅中，中火煮 3~4 分钟。

⑦ 加入余下的 2 克盐后关火，加入香菜和少量香油即可。

营养贴士：猪肉馅中含有丰富的动物蛋白和脂肪。冬瓜含有丰富的维生素 C、矿物质，特别是其中的钾盐含量较高、钠盐含量低，食用可以起到利尿消肿的功效。

牛肉萝卜汤

主料：牛腩肉500克、白萝卜200克

配料：姜3~4片、葱3~4段

调料：盐8克、料酒少许

做法：

① 白萝卜洗净、去皮，切成滚刀块，牛腩肉洗净、切块，凉水入锅后焯掉血水，盛出备用。

② 锅中放入适量的水烧开，加入姜片、葱段、焯好的牛腩肉和适量的料酒，大火再次烧开后改中小火炖煮40分钟。

③ 将切好的白萝卜块放入锅中再炖煮20分钟左右。

④ 加入适量的盐，继续炖煮4~5分钟后关火即可。

营养贴士：牛腩肉是指牛的腹部靠近牛肋处的肉，有筋且瘦多肥少。牛肉中所含的氨基酸种类丰富，可为人体提供高质量、易吸收的动物蛋白。白萝卜富含多种维生素，食用有通气活血的功效，和牛腩一同炖煮制成汤品营养更全面。

乌鸡山药汤

主料：乌鸡半只、山药 200 克

配料：姜 3~4 片、葱 3~4 段

调料：盐 6 克、料酒少许

做法：

① 山药洗净、去皮、切块，放入盛有清水的碗中备用。

② 乌鸡洗净，顺骨节切段，凉水入锅后焯掉血水，盛出备用。

③ 锅中放入姜片、葱段，加入适量的水烧开后，放入焯好的鸡块和料酒，小火炖煮 30 分钟左右。

④ 将山药块放入锅中，加入适量的盐后改中小火炖煮 7~8 分钟关火即可。

营养贴士：乌鸡又名竹丝鸡，含有丰富的蛋白质、维生素、矿物质和氨基酸，营养价值远远高于普通鸡，且脂肪含量低，非常适合煲汤食用。山药的营养成分全面，富含碳水化合物、蛋白质、多种维生素和矿物质。乌鸡和山药搭配煲汤，对于体质虚弱的产妇来讲，可起到滋阴补气、养血益肺的功效。

山药青菜汤

主料：山药 200 克、小白菜 100 克

配料：葱少许

调料：盐 4 克

做法：

① 山药洗净、去皮、切成滚刀块，小白菜洗净，切成寸段，葱切细段备用。

② 锅中放入山药块和葱，加入适量的水烧开后，改中小火煮 7~8 分钟。

③ 加入小白菜和适量的盐，再煮 2~3 分钟后关火即可。

营养贴士：小白菜属十字花科青菜，富含维生素 A、B 族维生素、维生素 C 和钙、钾、硒等矿物质。山药富含碳水化合物、蛋白质。搭配煮汤食用，不但营养成分全面，同时由于小白菜的膳食纤维含量高，还具有促进肠蠕动的功效。

丝瓜豆腐汤

主料：丝瓜 200 克、豆腐 100 克

配料：葱少许

调料：盐 4 克、香油少许

做法：

① 丝瓜洗净、去皮、切成滚刀块，豆腐切成 1 厘米左右厚、3 厘米左右长的块，葱切细段备用。

② 锅中放入适量水，加入葱和豆腐块煮开，加入适量的盐后，改中小火煮 3~4 分钟。

③ 加入丝瓜后再煮 3~4 分钟，关火之后加入少许香油即可。

营养贴士：丝瓜属葫芦科植物，富含蛋白质、碳水化合物和钙、铁、磷等矿物质。豆腐中除含有铁、镁、钾等矿物质，同时还含有丰富的叶酸、维生素 B_1、维生素 B_6 等成分。两者搭配煮汤有温补气血、生乳通乳的功效。

鸭血粉丝汤

主料：鸭血豆腐 100 克、豆泡 50 克、红薯粉条 50 克、小油菜 50 克

配料：姜 3~4 片、葱少许

调料：盐 6 克、八角 1 个、花椒几粒、桂皮 1 小片、白胡椒少许

做法：

① 取 1 只装有清水的碗，放入红薯粉条泡 1 小时左右备用。

② 将小油菜洗净，去掉长叶留下油菜心，葱切细段，鸭血豆腐切成与豆泡大小相似的块，豆泡从中间切个小口以便入味。

③ 锅中放入适量水，烧开后放入姜片、八角、花椒、桂皮和鸭血块，大火烧开后改小火煮 7~8 分钟。

④ 将锅中的八角、花椒和桂皮捞出，加入红薯粉、豆泡和一半的盐煮 3~4 分钟。

⑤ 加入油菜心和余下一半的盐，再煮 2~3 分钟关火，之后加入少许白胡椒粉即可。

营养贴士：鸭血豆腐由家鸭鲜血制成，含有丰富的蛋白质、微量元素和多种氨基酸。中医认为鸭血味咸、性寒，有补血和清热解毒的功效。由于食用时会有一些腥味，所以可以根据个人口味选择搭配丰富的菜品，不但可以使口感更好，而且营养也更丰富。

能量主食

红糖八宝粥

主料：大米 50 克、小米 20 克、红芸豆 20 克、红豆 20 克、花生 20 克、核桃 20 克、红枣 5~6 颗

配料：红糖适量

做法：

① 将红豆、红芸豆提前泡 4~5 小时。

② 大米、小米、花生、核桃、红枣洗净备用。

③ 将泡好的红豆、红芸豆和淘好的其他米及杂粮加入适量的水，大火烧开，转中小火煮 40 分钟左右关火即可（可选用电压力锅，压 20 分钟即可）。

④ 食用时可按个人口味加入红糖。

营养贴士：小米中富含磷、镁、钾。红枣是补血的佳品。核桃中含有丰富的维生素、矿物质和大量的脂肪，但其中 80% 为不饱和脂肪酸，对人体非常适宜。花生中所含的脂肪油和蛋白质有滋血补气的作用，产妇食用有养血通乳的作用，配合大米和杂豆一同煮粥不但美味可口，还可起到健脾开胃的功效。

排骨汤面

主料：生菜 200 克、猪肋排 500 克、龙须面 200 克

配料：葱 3~4 段、姜 3~4 片、八角 1 个、桂皮 1 小片

调料：盐 6 克、生抽 2 汤匙、料酒 2 汤匙

做法：

① 肋排洗净，切成 6 厘米 ~7 厘米长的段，锅中加入冷水，放入切好的排骨，开大火将排骨焯出血沫。

② 生菜洗净，用手掰成与排骨长短相似的段，葱切段、姜切片备用。

③ 汤锅中放入开水，加入葱、姜、八角、桂皮和适量的料酒，将焯好的排骨放入其中，大火烧开后转为小火，炖 30 分钟左右。

④ 在锅中放入龙须面，将面煮至八成熟时加入生菜，全熟后关火即可。

营养贴士：排骨含有丰富的动物蛋白和脂肪，同时还含有一定量的骨胶原，炖制食用可避免煎炸过程中食用油的过多摄入，且易于人体吸收。

乌鸡红枣粥

主料：大米 100 克、去头颈乌鸡半只（约 200 克）、红枣七八颗

配料：姜 10 克、香葱少许

调料：盐 3 克、香油少许、料酒 2 汤匙

做法：

① 乌鸡去头颈，洗净切成四五厘米的块，红枣洗净，清水泡 20 分钟左右，姜切丝、香葱切细段备用。

② 将乌鸡块放入锅中，加入冷水和料酒，大火烧开，焯出血沫后关火，盛出控水。

③ 大米淘净后加少量清水和少许香油泡 1 小时左右。

④ 泡好的大米放入锅中，加入适量的水和 5 克的姜丝，大火烧开后转中小火煮 20 分钟左右。

⑤ 将乌鸡块、红枣、余下的姜丝和适量的盐加入锅中，再小火煮 30 分钟左右关火，撒上香葱段拌匀即可。

营养贴士：乌鸡肉蛋白质、矿物质和维生素含量丰富，其中烟酸、维生素 E、铁、磷、钾元素的含量更是高于普通鸡肉，且脂肪含量少。红枣含有蛋白质、多种氨基酸和多种维生素，可以起到补血的功效。搭配大米熬粥对产妇有补血补虚的功效。

麻酱花卷

主料：全麦面粉 500 克、芝麻酱 100 克、绵白糖 10 克

调料：面肥（或酵母 5 克 ~6 克）、碱 3 克 ~5 克。

做法：

① 将面肥或酵母用少量清水泡开，如用酵母则每 500 克面粉配 5 克 ~6 克酵母。

② 取 1 只干净无油的盆，放入面粉、泡开的面肥或酵母，加入适量的水揉成面团，盖上盖子饧发。

③ 饧发至面团是原有的 2 倍大（或大于 2 倍时），如选面肥要加入适量的碱水（每 500 克面粉需 3 克 ~5 克碱粉融成碱水），充分揉匀后再饧发 10 分钟左右。如选用酵母直接进入第 4 步操作。

④ 案板上铺撒面粉，将饧发好的面团放在案板上用力充分揉匀，排出发酵所产生的气泡。

⑤ 将面搓成长条后擀成长饼状。

⑥ 取 1 只干净的碗，放入适量的芝麻酱和绵白糖拌匀后均匀地抹在面皮上。

⑦ 从一端开始卷起，边卷边抻，卷到末端收口捏紧，分切成二三厘米的小段。

⑧ 每两个小段摞在一起，用手从中间部位压紧后，两手分别向反向拧成花状。

⑨ 蒸锅放入适量的水烧开，开水上屉大火蒸 15 分钟即可。

营养贴士：全麦面粉是由全粒小麦经过磨粉、筛粉等步骤制成的。它保有与原来整粒小麦相同比例的胚芽，所以营养比精白面丰富且麦香味更浓郁，但口感会比一般面粉粗糙些。芝麻酱中含有丰富的维生素和矿物质，尤其钙含量很高，同时还含有卵磷脂和油脂，且味道香醇，与全麦粉一起制成花卷食用美味又营养。在用面肥发面时，由于四季温度不同会直接影响到面的饧发，所以在加碱时要根据情况在上面的克数范围内加减，一般情况以加过碱的面不发黄、不发酸、不黏手、有弹性为宜。

小米红枣粥

主料：小米 100 克、红枣 50 克

做法：

① 红枣洗净，小米淘净备用。

② 锅中加入小米、红枣和适量的水，大火烧开后转中小火，煮 40 分钟左右关火即可。

营养贴士：小米中富含磷、镁、钾，有助于维持神经健康，具有降低血压的功效。红枣是补血的佳品，可提高人体的免疫力，健脾益胃。小米红枣粥不但美味可口，还可帮助产妇补气血。

虾皮紫菜小馄饨

主料：面粉 100 克、猪肉馅 50 克、虾皮 10 克、紫菜 10 克

配料：黄瓜适量、葱、姜各少许、香菜少许

调料：香油少许、生抽 1 汤匙、盐 4 克

做法：

① 准备 1 只干净无油的盆，放入面粉和适量水，揉成稍硬的面团，饧 20 分钟左右。

② 黄瓜洗净，切成菱形片，虾皮稍洗，紫菜手撕成小块，香菜洗净，切成小段，葱分别切成细段和末，姜切末备用。

③ 另准备 1 个碗，将猪肉馅、葱末、姜末放入碗中，再加入适量的食用油、香油、生抽和 2 克盐，顺时针方向搅拌直到肉馅上劲儿。

④ 案板上铺撒面粉，将面团放在案板上用力充分揉匀后，擀成 1 毫米左右厚的薄饼，用刀将薄饼切成 2 寸左右的菱形状馄饨皮，之后包馅制成馄饨。

⑤ 准备 1 个大碗，放入余下的 2 克盐、紫菜块、虾皮、黄瓜片和葱段备用。

⑥ 锅中放入适量清水，开锅后盛出 1~2 勺汤，放入盛有配料的碗中拌匀，将馄饨下入锅中煮熟，盛入碗中撒上香菜即可。

营养贴士：这是一道美味可口、营养丰富的汤水面食。既有蔬菜，又有海产品和肉类，营养素搭配均衡，而且汤水鲜美，非常适合产妇食用。

乌鸡汤面

主料：黄瓜半根、熟乌鸡肉块四五块、乌鸡汤 500 克、龙须面 200 克

调料：盐 2 克、香油少许

做法：

① 黄瓜洗净，切成菱形片备用。

② 锅中放入乌鸡汤和乌鸡肉块，大火烧开。熟乌鸡肉块和乌鸡汤的做法详见“清炖乌鸡汤”。

③ 在锅中放入龙须面，将面煮至八成熟时加入黄瓜片，加盐调味，全熟后关火淋上香油即可。

营养贴士：乌鸡的蛋白质、矿物质和维生素含量丰富，其中烟酸、维生素 E、铁、磷、钾元素的含量更是高于普通鸡肉很多，搭配龙须面作成汤面给产妇食用更易于吸收。

二、产后第二周

产后第二周的恢复原则为：调整心态，增加营养，促进乳汁分泌。

经历了产后第一周伤口复原期，在第二周，大部分妈妈的伤口已经初步复原。恶露较第一周也有明显减少。但是随之而来的就是烦躁的情绪，一部分妈妈开始出现焦虑、抑郁的情绪。在女性生产之后，由于体内性激素水平变化、社会角色的转换及心理变化所带来的身体、情绪、心理等一系列变化被称为产后抑郁症。常发生于产后6周内，可持续整个产褥期，有的甚至持续至宝宝上学前。当然，并不是所有月子期间的负面情绪都被称为产后抑郁。很多新妈妈在产后担心自己没有奶水，或者担心宝宝的身体健康，这种担心的情绪也会转化为焦虑的情绪。这时候，作为孩子的父亲，应该及时观察自己妻子在情绪上的变化，及时给予疏导，能够让产妇把情绪宣泄、倾诉出来，这样可以避免由于心态变化导致的产褥期焦虑状态。新妈妈应该尽量进行自我调整，多想开心的事情，把烦闷的情绪及各种担心讲给家人或爱人，让他们帮忙分担。要知道，过度的不良情绪如担心、焦虑或愤怒等，都可以导致新妈妈们的泌乳功能障碍，甚至回奶。所以，新妈妈的情绪并不是她一个人的问题，而是全家上下都要共同面对的事情！

在产后第12天时，会有社区医生上门给新妈妈进行体检，以及指导母乳喂养等。如果新妈妈们有任何关于产后的疑问，应该尽量向专业的医师进行咨询，相信她们都会很耐心、很专业地进行回复。

相比于第一周较为清淡的饮食，在产后第二周，妈妈们应该适当增加营养了。这不仅可以快速恢复体能，还可以维持泌乳功能的正常工作。新妈妈们应该适当增加液体摄入量，多喝汤，不但保证自身每天需要，更要保证宝宝每天的营养。此时的新生儿胃肠道还没有建立正常的消化和吸收功能，很容易因为妈妈的饮食变化而产生新问题。所以，新妈妈不应该吃过于生冷的食物以及剩菜剩饭、凉菜。宝宝很可能由于吃了含有特殊成分的母乳而造成过敏。在产后第二周，可以适当增加富含钙质及蛋白质的食物，如鱼、牛肉、牛奶等，也可以适量增加促进泌乳的汤品，如鲫鱼汤、土公鸡汤等。

产后第二周的饮食建议

生产后第二周，新妈妈的体力有所恢复，肠胃功能也逐渐恢复正常，可以恢复正常的饮食了。由于仍以卧床休息为主，适当地运动只能作为功能恢复的辅助方式，所以对肠蠕动还是会有所影响。这一阶段的饮食还是要以清淡为主，食物要软烂、易消化，脂肪的摄入要适量，食用纤维素含量高的蔬菜，增加一些性温的水果。主食可以食用米粥、面条、馄饨等，在加餐时还可增加小蛋糕。

另外，我国有产后饮用红糖水的习俗，这是非常合理的，但饮用红糖水要适量。由于分娩的过程中新妈妈体力消耗大，加之失血的原因，所以产后需要补充铁，红糖中恰恰含有大量的铁元素，不但可以起到补血的功效，还可以帮助活血化瘀，促进产后恶露的排出，适当地饮用对于产妇是非常有好处的。但不是说饮用得越多就越好，红糖的热量较高，过多地食用会影响新妈妈的食欲，在刚生产完时，由于新妈妈还只能食用流食和半流食，可以多饮用些，之后的 2 周恶露会渐渐排净，就可以少饮或不饮红糖水了。

附：一日食谱参考

餐次	食谱	数量	热量（千焦估值）
早餐	面包	50 克	654
	鲜牛奶	250 毫升	614
	煮鸡蛋	50 克	300
	芝麻酱拌菠菜	100 克（菠菜 80 克＋芝麻酱 20 克）	620(菠菜 97+ 芝麻酱 527)
加餐	红糖醪糟鸡蛋	200 毫升（鸡蛋 1 个＋醪糟 50 克＋水适量）	400(鸡蛋 300+ 醪糟约 100)
午餐	米饭	100 克	492
	青椒香菇炒鸡丁	200 克（青椒 50 克＋香菇 50 克＋鸡丁 100 克）	667(青椒 57+ 香菇 54+ 鸡丁 556)
	番茄菜花	200 克（番茄 100 克＋菜花 100 克）	195(番茄 85+ 菜花 110)
	萝卜丝鲫鱼汤	300 克（白萝卜 50 克＋鲫鱼 1 条约 150 克＋水适量）	422(白萝卜 47+ 鲫鱼 375)
加餐	银耳羹	200 克（水适量＋银耳 25 克）	273
	水果羹	100 克（木瓜 50 克＋苹果 50 克）	170(木瓜 60+ 苹果 110)
晚餐	葱花鸡蛋饼	100 克（鸡蛋 2 个＋面粉少许）	600(约)
	小馄饨	150克(猪肉馅50克+少许面粉+配料)	827(约)
	拌双丝	100 克（胡萝卜 50 克＋土豆 50 克）	181(胡萝卜 81+ 土豆 100)
加餐	鲜牛奶	250 毫升	614
合计			7029
总能量摄入	7029 千焦＋油、盐等调味品约为 8000 千焦(30 克花生油的热量约为 1100 千焦)。		

注：1 千焦 =0.239 千卡

美味菜肴

拌茄泥

主料：圆茄子半个（约 300 克）、芝麻酱 2 汤匙

调料：生抽 2 汤匙、醋 1 汤匙

做法：

① 圆茄子洗净，从中间切开，取其中一半切成 1 厘米的片放入盘中。

② 蒸锅上汽后放入装有茄片的盘子，大火蒸 15 分钟。

③ 准备 1 只干净的碗，放入适量的芝麻酱，逐渐适量地加入生抽、醋，顺同一方向搅拌，将芝麻酱调制成稠稀适中的酱料（加生抽时要分多次少量加入，根据个人口味可适当加减）。

④ 将蒸好的茄片取出、放凉，控出水分。

⑤ 将调好的芝麻酱浇到控过水的茄片上即可。

营养贴士：茄子营养含量丰富，其中每 100 克茄子中维生素 E 的含量高达 150 毫克，是花生的 8 倍。茄子皮中同样也含有丰富的维生素，尤其是 B 族维生素含量更高，所以建议不削皮一同制作食用。芝麻酱由白芝麻炒熟研磨制成，营养价值很高，富含蛋白质、卵磷脂、脂肪、多种维生素和矿物质，其钙、铁更是丰富，经常适量食用可以预防缺铁性贫血和过早白发、脱发。

温拌瓜条

主料：黄瓜 300 克

调料：盐 4 克、香油少许

做法：

① 黄瓜洗净，切成 2 厘米宽、5 厘米长的段，锅中加入适量的水，中火焯两三分钟，捞出控水备用。

② 将控过水的黄瓜放入干净的碗中，加入盐和香油，拌匀盛盘即可。

营养贴士：黄瓜属葫芦科蔬菜，富含维生素 E 和维生素 B_1。同时，黄瓜中还含有葫芦素，可提高人体的免疫力。为避免生食对产妇的肠胃产生刺激，在这里特选用了焯水温拌的方法。

番茄菜花

主料：菜花 300 克、番茄 100 克

配料：葱少许

调料：盐 5 克

做法：

① 菜花洗净，切成小块，番茄洗净，切成滚刀块，葱切细段备用。

② 锅中放入清水，烧开后加入菜花，煮四五分钟关火，捞出控水。

③ 锅中放入适量的食用油，加葱炒香后放入番茄，中火炒至出汤汁后加入控好水的菜花。

④ 加盐，大火翻炒 2~3 分钟后关火出锅。

营养贴士：番茄又名西红柿，含有丰富的 B 族维生素、维生素 C、胡萝卜素和钙、磷、钾、镁、铁、锌等多种矿物质，有专家研究表明，每人每天食用 50 克 ~100 克番茄即可满足人体对以上维生素和矿物质的需要。菜花又叫花椰菜，十字花科蔬菜，富含 B 族维生素和维生素 C，搭配番茄炒制口感好，同时又补充了多种营养素。

炒双丝

主料：胡萝卜1根（约200克）、土豆半个（约200克）

配料：葱少许、花椒几粒

调料：盐4克、醋1汤匙

做法：

① 土豆、胡萝卜洗净、去皮，切成细丝，葱切细段备用。

② 锅微热后放入食用油，加入葱和花椒炒香。

③ 锅中依次加入胡萝卜丝和土豆丝，中火炒至八成熟时加入1汤匙醋和适量的盐。

④ 继续翻炒至全熟后关火出锅。

营养贴士：胡萝卜的维生素含量丰富，特别是其中的维生素A和胡萝卜素可以起到保护视力的作用。土豆中含有丰富的B族维生素、微量元素、优质淀粉和膳食纤维，搭配胡萝卜一起炒制食用，不但可以提供全面的营养，还可以有润肠的功效。

西蓝花木耳炒茭白

主料：西蓝花 200 克、茭白 200 克、干木耳 10 克

配料：葱少许

调料：盐 6 克

做法：

① 木耳泡发 2 小时，洗净、控水备用。

② 西蓝花洗净，切成小块，茭白洗净，切成与西蓝花大小相似的滚刀块，葱切细段备用。

③ 锅中放入清水，烧开后依次加入茭白和西蓝花，分别各煮 4~5 分钟，关火，捞出控水。

④ 锅中放入适量的食用油，加入葱炒香，加入木耳中火炒 3~5 分钟。

⑤ 放入煮好的茭白和西蓝花，加盐，大火翻炒 2~3 分钟后关火出锅。

营养贴士：木耳是一种富含多种维生素和微量元素的菌类。西蓝花营养丰富。茭白是禾本科的水生宿根植物，除含有多种维生素和矿物质外，还具有催乳的功效。

红烧鸡翅

主料：鸡翅中 1000 克

配料：葱、姜各少许

调料：盐 6 克、糖少许、生抽 2 汤匙、料酒 1 汤匙

做法：

① 鸡翅洗净，放入锅中，加入冷水，大火烧开焯出血沫后关火，盛出控水。

② 葱切段、姜切薄片备用。

③ 锅中放入适量的食用油，加入糖翻炒出小泡后放入葱、姜和鸡翅，大火翻炒 2~3 分钟。

④ 依次将生抽、料酒、适量的水和盐加入锅中。

⑤ 中火炖 7~8 分钟后，大火收汁即可。

营养贴士：鸡翅的胶原蛋白含量丰富，肉质细腻，易于人体吸收。人们往往会因担心激素问题而不敢食用鸡翅，其实正规渠道大型市场购买的鸡翅经过检测是相对安全的。由于激素往往是从翅根部注射，这里特选用了鸡翅中段做这道菜，在保证营养和美味的同时又更安全。

炖排骨

主料：猪排骨 1000 克

配料：葱 3~4 段、姜 3~4 片、八角 1 个、桂皮 1 小片

调料：盐 8 克、料酒 3 汤匙

做法：

① 排骨洗净、切块，锅中加入冷水，放入切好的排骨，开大火将排骨焯出血沫。

② 葱切段、姜切片备用。

③ 汤锅中放入开水，加入葱、姜、八角、桂皮和适量的料酒，将焯好的排骨放入其中，大火烧开后转为小火，炖 40 分钟左右。

④ 在锅中加入适量的盐，再炖煮 10 分钟后关火出锅。

营养贴士：排骨含有丰富的动物蛋白和脂肪，同时还含有一定量的骨胶原，炖制食用可避免煎炸过程中食用油的过多摄入且易于人体吸收。

培根芦笋卷

主料：鲜芦笋 200 克、培根肉 5 片（约 100 克）

调料：盐 2 克

做法：

① 将鲜芦笋洗净、去根，切成 7~8 厘米的长段。

② 锅中放入清水后烧开，将芦笋段放入水中，加入少许食用油和盐焯 2~3 分钟，捞出后控水、放凉。

③ 将培根片展开，取五六根芦笋段放在培根片的一边后顺向卷成卷。

④ 锅微热后放入适量的食用油，将卷好的培根芦笋卷放入锅中，中小火煎至微黄后关火出锅。

营养贴士：芦笋属于百合科植物，富含多种氨基酸、微量元素和维生素，其营养价值高过许多蔬菜，常被称为“蔬菜之王”。培根由猪肉制成，含有猪肉所有的营养成分，分为烟熏和盐腌两种。这道菜选用的是盐腌培根，所以在制作过程中除焯芦笋外不需再另外加盐。

肉片包菜

主料：圆白菜 300 克、猪里脊肉 100 克

配料：姜、葱各少许

调料：盐 4 克、生抽 2 汤匙

做法：

① 圆白菜洗净，切成 1 寸左右的小块，猪里脊肉切成薄片备用。

② 葱切细段，姜切丝备用。

③ 锅中放入少许食用油，放入猪里脊肉，煸香后加入葱、姜、适量生抽，中火炒至肉片七成熟。

④ 放入圆白菜块，加入适量的盐，中火翻炒 3~5 分钟后关火出锅。

营养贴士：圆白菜学名卷心菜，又名包菜，属十字花科，富含 B 族维生素、维生素 C、钾和叶酸。猪里脊肉是人体补充动物蛋白的重要来源，配合炒制营养更全面。

红烧带鱼

主料：带鱼 1000 克、面粉 50 克

配料：葱少许、姜和蒜各两三片、花椒 10 粒左右、八角 1 个

调料：盐 6 克、糖少许、醋 2 汤匙、生抽 2 汤匙、料酒 1 汤匙

做法：

① 带鱼去鳞和内脏后洗净，切成 6~7 厘米的段，控水。

② 葱切成 2 厘米长段、姜切薄片、蒜剥好后从中间部位切开。

③ 准备 1 个调料碗，将适量的葱段、姜片、蒜块、花椒、八角放入碗中。

④ 将适量的盐、糖、醋、生抽和料酒加入调料碗中制成调料汁。

⑤ 在控好水的带鱼表面均匀地拍上面粉。

⑥ 锅中放入食用油烧至六七成热，放入拍好面粉的带鱼依次煎成双面微黄后，盛出控油。

⑦ 锅中留少许底油，将控油后的带鱼重新放回锅中，将调料碗中的汁料浇在带鱼上，盖上锅盖焖 2~3 分钟后加入适量的水。

⑧ 中火炖 10 分钟左右，大火收汁后关火出锅。

营养贴士：带鱼富含多种微量元素和维生素，如磷、钙、铁、碘、维生素 A 等。同时，它的蛋白质含量也非常丰富，还含有适量的脂肪，非常适合孕产妇食用。

青椒香菇鸡丁

主料：青椒 1 个（约 100 克左右）、干香菇 50 克、鸡胸肉 150 克

配料：姜丝、大葱丝各少许

调料：盐 4 克、生抽 2 汤匙、料酒少许、干淀粉少许

做法：

① 干香菇用清水泡 2 小时，捞出挤干水分。

② 鸡胸肉洗净，切 2 厘米见方块，加入少许盐、料酒和干淀粉拌匀，腌制备用。

③ 将青椒洗净，切成与鸡块大小相似的块备用。

④ 锅微热后放入适量食用油，加入姜、葱炒出香气，将鸡肉放入锅中小火翻炒。

⑤ 鸡块炒至七成熟时加入适量生抽和香菇，改中火翻炒三四分钟。

⑥ 锅中加入青椒，放入适量的盐，改用大火翻炒 2~3 分钟后关火出锅。

营养贴士：青椒又称菜椒或甜椒，含有丰富的抗氧化剂，如维生素 C、β－胡萝卜素等，能清除使血管老化的自由基，同时它还含有人体所需的维生素 B_6 和叶酸。香菇含有丰富的蛋白质、多糖和多种氨基酸，和青椒一起搭配鸡肉炒制不但味美，而且营养成分全面。

糖醋丸子

主料：猪肉馅 300 克

配料：葱、姜末各少许

调料：盐 5 克、生抽 2 汤匙、醋 2 汤匙、糖 1 汤匙、香油少许、淀粉少许

做法：

① 准备 1 只干净的拌碗，将猪肉馅和姜末放入碗中。

② 碗中加入适量的食用油、3 克盐、1 汤匙生抽和少许香油，顺时针方向搅拌直到肉馅上劲儿。

③ 另准备 1 只干净的碗，依次放入 1 汤匙生抽、1 汤匙糖、2 汤匙醋、2 克盐、少许葱和淀粉，拌成碗汁。

④ 锅中放入适量清水，用小勺将拌好的肉馅分成均匀等分的丸子，水开后下入锅中煮 4~5 分钟，捞出控水备用。

⑤ 锅中放入适量的食用油，将控好水的丸子下入锅中，中火翻炒 2~3 分钟。

⑥ 将碗汁浇入锅中，大火炒匀挂汁即可关火盛盘。

营养贴士：猪肉馅中含有丰富的动物蛋白和脂肪，这道菜酸甜可口、制作简单，可提高产妇的食欲。

清水蛋饺

主料：鸡蛋 4 个、猪肉馅 100 克

配料：葱、姜末各少许、八角 1 个

调料：香油少许、生抽 1 汤匙、盐 4 克、淀粉适量

做法：

① 将鸡蛋磕入碗中打散，淀粉放入另一碗中，加入少量清水制成糊，葱、姜洗净，切末备用。

② 准备 1 只干净的拌碗，将猪肉馅、葱末、姜末放入碗中。

③ 碗中加入适量的食用油、2 克盐、1 汤匙生抽和少许香油，顺时针方向搅拌直到肉馅上劲儿。

④ 平底锅中放入少许食用油，开小火倒入部分蛋液，转动平锅摊成薄饼状，使其均匀受热制成蛋皮后盛出（4 个鸡蛋一般可制作 6~7 个薄蛋皮）。

⑤ 将肉馅均匀地放入蛋皮中包成饺子形状，包合时涂抹适量的水淀粉，使其更易黏接。

⑥ 锅中放入适量水，加 1 个八角，大火烧开后加入蛋饺和余下的 2 克盐，中火煮 3~4 分钟关火，捞出控水、盛盘即可。

营养贴士：猪肉馅中含有丰富的动物蛋白和脂肪。鸡蛋具有一定的食疗功效，除含有丰富的蛋白质和多种氨基酸外，还含有多种维生素和矿物质。蛋角的制作简单、口感清淡、营养全面，非常适合产妇食用。

滋补汤品

鲫鱼汤

主料：鲫鱼 2 条

配料：姜 3~4 片、姜末少许、葱 3~4 段

调料：盐 6 克、料酒、醋各少许

做法：

① 鲫鱼刮鳞、去内脏，洗净备用。

② 锅中放入姜片、葱段，加入适量的水和清洗好的鲫鱼，大火烧开后加入料酒，改小火炖煮 20 分钟。

③ 加入适量的盐，继续炖煮七八分钟，关火即可。

④ 准备 1 只干净的小碟，加入少许姜末和醋调成汁，蘸鱼肉食用。

营养贴士：鲫鱼肉质细嫩，含有丰富的蛋白质和矿物质，药用价值高。中医认为鲫鱼味甘、性平，可入脾、胃、大肠经，有健脾开胃的功效，产妇食用更是具有利水、通乳的作用。传统的做法为保证汤汁浓厚会先将鲫鱼过油煎，但由于煎过的鱼炖煮成汤品脂肪含量过高，在此不建议选用这种做法。由于汤品本身清淡少咸，有些产妇会觉得鱼肉没有味道，不习惯食用，在这里可采用蘸食调制的姜醋汁的办法减轻这种不适，让鱼肉吃起来更鲜美。

排骨山药汤

主料：排骨 500 克、山药 200 克

配料：姜 3~4 片、葱 3~4 段

调料：盐 8 克、料酒少许

做法：

① 山药洗净、去皮，切成滚刀块，放入盛有清水的碗中备用。

② 排骨洗净、切块，凉水入锅后焯掉血水，盛出备用。

③ 锅中放入适量的水烧开，加入姜片、葱段、焯好的排骨和适量的料酒，大火再次烧开后改中小火炖煮 20 分钟。

④ 将山药块从清水中捞出，放入锅中与排骨一同再炖煮 20 分钟左右。

⑤ 加入适量的盐，继续炖煮 4~5 分钟后关火即可。

营养贴士：排骨中含有丰富的动物蛋白和脂肪，同时还含有一定量的骨胶原。山药富含碳水化合物、蛋白质、多种维生素和矿物质，营养成分全面。山药与排骨一同炖煮制成汤品食用，有补脾养胃、滋肾益肺的功效。

白菜丸子汤

主料：大白菜 200 克、猪肉馅 100 克

配料：葱、姜、香菜各少许

调料：香油少许、生抽 1 汤匙、盐 4 克

做法：

① 大白菜洗净，切成 4 厘米 ~5 厘米的段，葱部分切细段、部分切末，姜切末，香菜切成寸段备用。

② 准备 1 只干净的拌碗，将猪肉馅、葱末、姜末放入碗中。

③ 碗中加入适量的食用油、盐、生抽和少许香油，顺时针方向搅拌直到肉馅上劲儿。

④ 取 1 只大小适中的勺子，将肉馅分成均等份，团成丸子形状。

⑤ 锅中放入适量水，加入葱和白菜中火煮开。

⑥ 将丸子用勺放入锅中，中火煮 3~4 分钟。

⑦ 加入适量的盐关火，加入香菜和少量香油即可。

营养贴士：猪肉馅中含有丰富的动物蛋白和脂肪。白菜营养十分丰富，不但富含铁、钾等矿物质和维生素 A，而且还含有丰富的粗纤维。搭配煮汤不但美味可口，而且还可以促进肠蠕动，缓解便秘现象。

青笋豆腐汤

主料：青笋 200 克、豆腐 100 克

配料：葱少许

调料：盐 4 克、香油少许

做法：

① 青笋洗净、去皮，切成滚刀块，豆腐切成 1 厘米厚、3 厘米长的块，葱切细段备用。

② 锅中放入适量水，加入葱和豆腐块煮开，加入适量的盐后改中小火煮 3~4 分钟。

③ 加入青笋再煮 2~3 分钟关火，之后加入少量香油即可。

营养贴士：青笋又称莴笋，营养成分丰富，含有维生素 A、B 族维生素、维生素 C 和钙、磷、铁、钾等矿物质。豆腐中同样含有铁、镁、钾等矿物质，同时还含有丰富的叶酸、维生素 B_1、维生素 B_6 等成分。两者搭配煮汤不但美味可口，还有活血通乳的作用。

丝瓜豆腐汤

主料：丝瓜 200 克、山药 200 克

配料：葱少许、海米几粒

调料：盐 4 克、香油少许

做法：

① 山药和丝瓜洗净、去皮，切成滚刀块，葱切细段，海米洗净，用少许清水泡 20 分钟左右备用。

② 锅中放入适量的水，加入葱、山药块和泡过的海米一同煮开，改中小火煮 4~5 分钟。

③ 加入丝瓜和适量的盐，再煮 3~4 分钟关火，之后加入少量香油即可。

营养贴士：山药富含碳水化合物、蛋白质、多种维生素和矿物质。丝瓜富含钙、铁、磷等矿物质，同时还具有生乳通乳的功效。

土公鸡冬瓜汤

主料：土公鸡半只、冬瓜 200 克

配料：姜 3~4 片、葱 3~4 段

调料：盐 6 克、料酒少许

做法：

① 冬瓜洗净、去皮、切块，姜切片、葱切段备用。

② 鸡洗净，顺骨节切段，凉水入锅后焯掉血水，盛出备用。

③ 锅中放入姜片、葱段，加入适量的水烧开，放入焯好的鸡块和料酒，小火炖煮 50 分钟左右。

④ 将冬瓜块放入锅中，加入适量的盐，改中小火炖煮 7~8 分钟，关火即可。

营养贴士：土鸡是指成长周期大于 6 个月的散养鸡，土鸡肉中的蛋白质含量高于普通的鸡肉，特别是土公鸡的脂肪含量低，非常适合煲汤食用。冬瓜中的维生素 C 含量丰富，食用有利尿消肿的功效。

紫菜蛋花汤

主料：紫菜 50 克、黄瓜 100 克、鸡蛋 1 个

配料：葱、虾皮各少许

调料：盐 2 克、香油少许

做法：

① 准备 1 个干净的碗，将鸡蛋磕入碗中，打散备用。

② 黄瓜洗净，切成宽条，紫菜手撕成小块，葱切细段备用。

③ 锅中放入紫菜、虾皮和葱，加入适量的水，烧开后改中小火煮 3~4 分钟。

④ 将打散的鸡蛋用筷子篦着抡入锅中后煮开，加入黄瓜条和适量的盐，再煮 2~3 分钟后关火，加入少许香油即可。

营养贴士：紫菜为海产藻类，含有较多的胡萝卜素和核黄素，同时钙、铁、磷的含量也很高。黄瓜中富含葫芦素、维生素 E 和膳食纤维。鸡蛋中蛋白质含量丰富，搭配一同煮汤食用不但营养成分全面，同时由于黄瓜中含有膳食纤维，还可起到促进肠蠕动的功效。

能量主食

红豆小米粥

主料：小米 100 克、红豆 50 克

做法：

① 将红豆提前泡 4~5 小时。

② 将泡好的红豆和淘好后的小米加入适量的水，大火烧开后改为中小火煮 40 分钟左右。

营养贴士：红豆含有丰富的维生素。小米的蛋白质含量要高于大米，且富含维生素 B_1 和维生素 B_{12}。谷豆搭配煮粥可以在营养成分上相互补充。

牛肉肉笼

主料：全麦面粉 500 克、牛肉馅 200 克

配料：葱、姜各适量

调料：盐 4 克、生抽 2 汤匙、香油少许、面肥（或酵母 5 克 ~6 克）、碱 3 克 ~5 克

做法：

① 将面肥或酵母用少量清水泡开，如用酵母则每 500 克面粉配 5 克 ~6 克酵母。

② 取 1 只干净无油的盆，放入面粉、泡开的面肥或酵母，加入适量的水揉成面团，盖上盖子饧发。

③ 准备 1 只干净的拌碗，将牛肉馅、葱末、姜末放入碗中。

④ 碗中加入适量的食用油、盐、生抽和少许香油，顺时针方向搅拌直到肉馅上劲儿。

⑤ 饧发至面团是原有的 2 倍大（或大于 2 倍时），如选面肥要加入适量的碱水（每 500 克面粉需 3 克 ~5 克碱粉融成碱水），充分揉匀后再饧发 10 分钟左右。如选用酵母直接进入第 6 步操作。

⑥ 案板上铺撒上面粉，将饧发好的面团放在案板上用力充分揉匀，排出发酵所产生的气泡。

⑦ 将面搓成长条后擀成长饼状，将拌好的肉馅均匀地抹在面皮上。

⑧ 从一端开始卷起，边卷边抻，卷到末端收口捏紧。

⑨ 蒸锅放入适量的水烧开，开水上屉大火蒸 25 分钟即可。

扁豆肉丝焖面

主料：扁豆 200 克、去皮五花肉 100 克、鸡蛋 2 个、细切面 500 克

配料：姜、葱各少许

调料：盐 6 克、生抽 3 汤匙

做法：

① 扁豆洗净、去筋，掰成 5~6 厘米长的段，准备 1 只干净的碗，将鸡蛋磕入打散。

② 去皮五花肉洗净，切成细丝，葱切细段、姜切丝备用。

③ 锅中放入适量的食用油，待油温五六成热时放入打散的鸡蛋，翻炒成大块后关火，盛出备用。

④ 锅微热后放入适量食用油，加入姜、葱炒出香气，将肉丝放入锅中翻炒。

⑤ 肉丝炒至五成熟时加入扁豆和生抽，中火翻炒均匀后加入清水（水要多放些，没过扁豆），盖上锅盖焖 5~6 分钟后加入盐。

⑥ 将细切面均匀地撒在锅内的肉丝扁豆上（切记不可翻炒），盖上锅盖改小火焖 7~8 分钟。

⑦ 用筷子将切面的上下层翻个，再用铲子轻铲一下锅底，如果有干锅现象，可用铲子支开切面，再加入少许水。

⑧ 继续盖上锅盖，小火再焖 7~8 分钟后加入炒好的鸡蛋，将面翻炒均匀后关火即可。

营养贴士：猪肉中含有丰富的动物蛋白和脂肪。豆角含有丰富的维生素和矿物质，有健胃补脾的功效。鸡蛋的营养丰富，尤其是它所含的氨基酸种类与人体相近，易于吸收。搭配面条做成主食营养丰富，美味可口。

打卤面

主料：番茄 1 个（约 100 克）、鲜虾 100 克、油面筋 20 克、干黄花 10 克、干木耳 10 克、鸡蛋 1 个、即食海参 1 根、手擀面 500 克

配料：姜、葱各少许

调料：盐 8 克、生抽 3 汤匙、淀粉少许、香油少许

做法：

① 干黄花和木耳泡发 2 小时洗净、控水，油面筋切成 2 厘米左右宽的段，番茄洗净，切成滚刀块备用。

② 鲜海虾去皮，剥成虾仁。即食海参洗净，切成1厘米左右宽的段。

③ 鸡蛋磕入干净的碗中打散，葱、姜切丝，另取 1 只干净的碗，放入少许干淀粉，加入少许清水拌匀备用。

④ 锅中放入适量的食用油，加入葱、姜炒香，加入番茄中火炒出汁后，依次加入木耳、黄花，再翻炒 3~5 分钟，加入适量的清水。

⑤ 待锅内汤水烧开后加入油面筋，盖上锅盖焖 3~4 分钟后，加入盐和生抽拌匀。

⑥ 在锅中加入虾仁和海参后稍做翻炒，将鸡蛋液均匀地抡到锅中，加入水淀粉，开锅后翻炒均匀，关火，淋入少许香油。

⑦ 煮锅中加入适量的清水，开锅后放入手擀面，将面煮熟后捞出盛碗，浇上适量炒好的卤汁即可。

营养贴士：海虾和海参中都含有丰富的镁、磷、钙等微量元素。番茄含有丰富的 B 族维生素、维生素 C、胡萝卜素和钙、磷、钾、镁、铁、锌等多种矿物质，搭配黄花、木耳、油面筋和鸡蛋制成卤汁营养更全面、色彩丰富，还可增加食欲。

小米南瓜粥

主料：小米 100 克、南瓜 150 克

做法：

① 南瓜洗净，切成滚刀块备用。

② 小米淘好后加入适量的水，大火烧开后转中小火煮 20 分钟左右。

③ 将南瓜块放入锅中，再中火煮 20 分钟左右关火即可。

营养贴士：南瓜属葫芦科植物，富含维生素，食用可提高人体的免疫力，其中的类胡萝卜素在机体内可转化为维生素 A 保护视力。小米可养阴补虚，搭配熬粥更有宜于保护产妇的肠胃，易于营养的吸收。

金银米饭

主料：小米 100 克、大米 300 克

做法：

将淘好的大米和小米洗净，放入电饭锅中，加入适量的水按“煮饭”键，煮至饭熟。

营养贴士：小米的蛋白质含量要高于大米，且富含维生素 B_1 和维生素 B_{12}，与大米一起蒸饭食用，可以起到补气血的功效。

南瓜粥

主料：大米 100 克、南瓜 150 克

做法：

① 南瓜洗净、切块，上蒸锅蒸 15 分钟，取出放凉备用。

② 大米淘好后加入适量的水，大火烧开后转中小火煮 30 分钟左右。

③ 将放凉的南瓜块去皮，放入保鲜袋中用擀面棍擀成泥，加入锅中，再小火煮10分钟左右关火即可。

营养贴士：南瓜属于葫芦科植物，富含维生素和膳食纤维，食用可提高人体的免疫力，其中所含的类胡萝卜素在机体内可转化为维生素 A，保护视力，搭配大米熬粥有宜于营养的吸收，同时还能起到促进肠蠕动的功效。

三、产后第三周

产后第三周的恢复原则是：补充能量、多饮汤水，保证乳汁充足。

当我们的角色由女儿转换为母亲的时候，肩上就担负了必不可少的责任。在月子期间，除了自己的身体恢复，我们还要更加关注母乳喂养，因为母乳对于宝宝是多么重要又珍贵的“第一口食物”。这也是妈妈和宝宝的一条重要的情感纽带，把我们紧紧地联系在一起。所以，在第三周我们仍然需要不断地补充能量以恢复体力，更重要的是要保证母乳的充足。

月子期（产褥期）除了医学上赋予的定义，同时更是妈妈和宝宝的“磨合期”。初次见面，很多习惯都要相互适应和配合。在这段时间，也是妈妈们初次经历哺乳的时间，由于没有完全掌握哺乳技巧，以及宝宝还不太会完成吸吮动作，新妈妈们的乳头常常会皲裂，甚至出血。这时候，除了要保持好的心情，更要坚持哺乳，可以每天在乳头涂抹芦荟胶，待哺乳前用温水擦去即可。经过一段时间，乳头自然会愈合，也不再会感到疼痛。要知道，这是宝宝在努力地汲取营养，快快长大的方式，所以新妈妈一定要坚强。

在产后第三周，绝大部分的新妈妈已经慢慢恢复体力，不再有容易疲劳等不适。但是，由于经常哺乳，夜里没有完整的睡眠，我们仍应该保证足够的休息和充足的睡眠。因为足够的睡眠时间也是保证充足乳汁的重要环节。在饮食上，可以适当增加一些浓汤，如猪蹄汤等。这段时间，应该保证每日三餐都有汤喝，也应该保证牛奶的摄入，因为产后不但需要保证泌乳，新妈妈也应该保证足够的钙摄入。除此以外，优质的蛋白以及多元化的维生素是保证产妇体力恢复的关键因素。所以在月子期间，进食应该多元化，不要特别单一或挑食，营养均衡才是最好的。

产后第三周的饮食建议

在这周新妈妈的恶露应该量非常少或已经排净了，乳腺通畅的情况下乳汁的分泌也变得充足起来，饮食方面增加营养变得非常重要。食物的种类要变得更丰富，多食用含优质蛋白质的食物，多饮用汤水以保证乳汁的分泌，同时脂肪的摄入还是要以适量为宜，食用的蔬菜、水果的种类要有所增加。同时，在进食的安排上有以下几点要注意。

1. 鸡蛋不必过多食用，每天食用三四个即可。在过去，由于物质不丰富，食用鸡蛋又可增加蛋白质的摄入，帮助产妇恢复体力，所以产妇往往每天都吃很多个，这是不科学的。鸡蛋的氨基酸排列与人体非常相似，吸收率高，但是它的吸收量也是有上限的，过多地食用会被人体排出并不能被利用。普通人每天食用 2 个即可，产妇虽然对蛋白质的需求量增大，但每天食用三四个也足够了。在食用时以煮制为最佳，如感觉没味道，可自制一些芝麻盐蘸食。芝麻中富含蛋白质、脂肪、钙、铁、维生素 E 等，配上煮鸡蛋食用不但美味，还丰富了营养素的种类。它的制作也非常简单，只要将芝麻小火炒熟，之后擀成末拌入少许的盐就可以了。

2. 饮用的汤水不可脂肪含量太高。在月子中由于新妈妈出汗多，同时还需要泌乳，需水量比普通人也高出许多。这段时间内多食用一些味道鲜美的鸡汤、鱼汤、肉汤等，不但可以满足新妈妈对水量的需求、增进食欲，还可增加营养。但制作时要撇去多余的脂肪，保证汤水的清淡。过多的脂肪不但会对新妈妈身体的恢复造成影响，导致肥胖和一些疾病，同时会堵塞乳腺反而影响泌乳。

3. 谷物食物要丰富。从第三周开始，新妈妈的胃肠功能已经完全恢复了，谷物的种类要增加。谷物中的 B 族维生素含量丰富，各种谷物的营养素含量又有所不同，可以搭配着食用，如制成二米饭食用等。

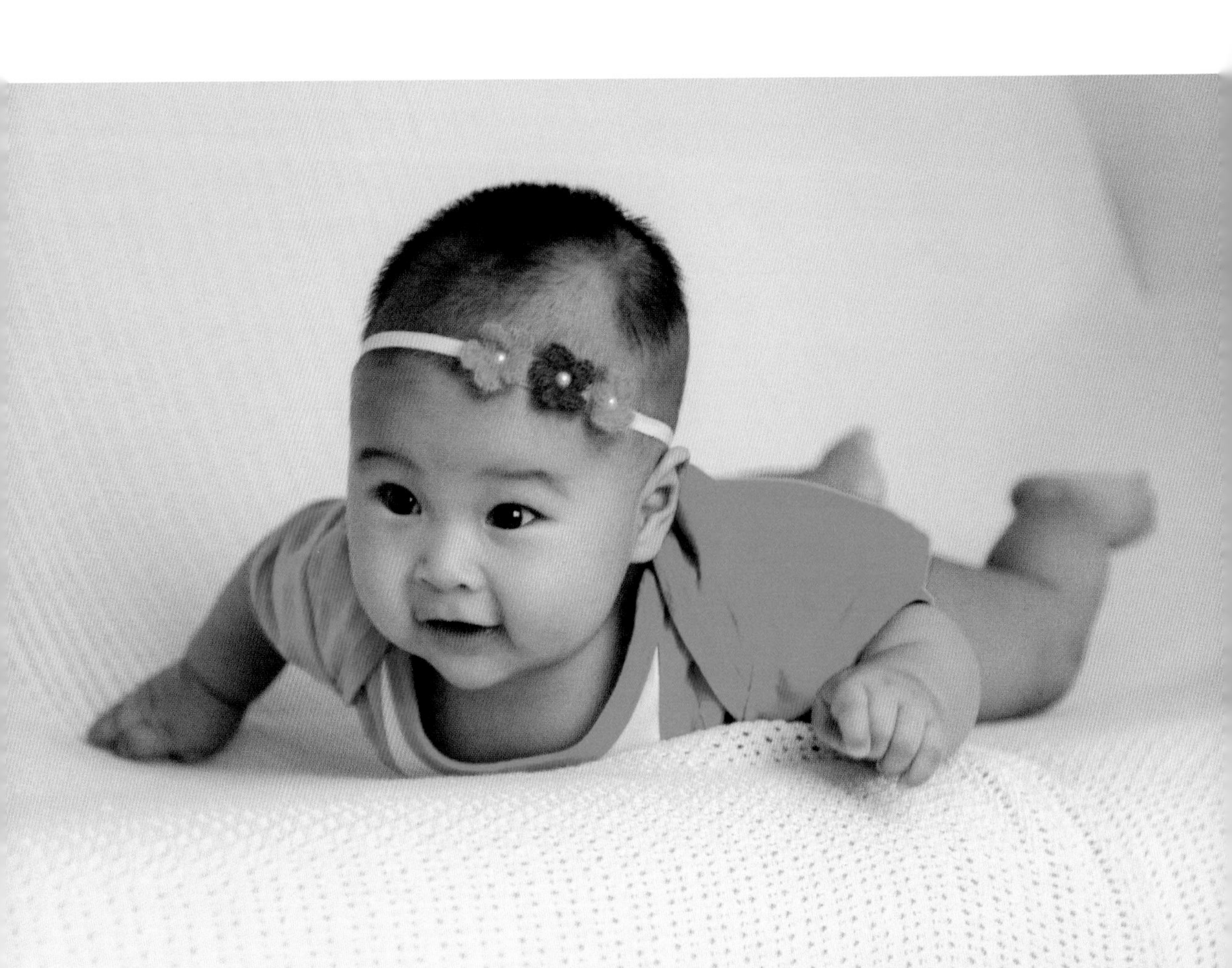

附：一日食谱参考

餐次	食谱	数量	热量（千焦估值）
早餐	麦胚面包	100 克	1031
	鲜牛奶	250 毫升	614
	蒸蛋羹	100 克（鸡蛋 50 克 + 水 50 克）	300
	虾皮小白菜	110 克（小白菜 100 克 + 虾皮 10 克）	136(小白菜 72+ 虾皮 64)
加餐	银耳百合羹	200 克（水适量 + 银耳 25 克 + 百合 25 克）	446(银耳 273+ 百合 173)
午餐	二米饭	100 克(大米 75 克+小米 25 克)	456(大米 87+ 小米 378)
	胡萝卜鸡块	200 克（鸡肉 150 克 + 胡萝卜 50 克）	831(鸡肉 750+ 胡萝卜 81)
	姜丝木耳炒鸡蛋	100 克（鸡蛋 1 个 + 木耳 50 克 + 姜 10 克）	374(鸡蛋 300+ 木耳 55+ 姜 19)
	番茄牛尾汤	200 克（牛尾 100 克 + 番茄 1 个）	593(牛尾 500+ 番茄 93)
加餐	花生核桃豆浆	200 克（花生 10 克 + 核桃 10 克 + 黄豆 50 克 + 水适量）	1115(花生 240+ 核桃 60+ 黄豆 815)
	小蛋糕	50 克	728
晚餐	馒头	100 克	934
	紫米红枣粥	100 克(紫米 20 克+红枣 10 克)	410(紫米 280+ 红枣 130)
	炖排骨	100 克	1000
	萝卜炖豆腐	150 克（白萝卜 100 克 + 豆腐 50 克）	265(白萝卜 94+ 豆腐 171)
加餐	酸奶	125 毫升	375
	香蕉	100 克	389
合计			9997
总能量摄入	9997 千焦 + 油、盐等调味品约为 11000 千焦（30 克花生油的热量约为 1100 千焦）。		

注：1 千焦 =0.239 千卡

美味菜肴

炝拌圆白菜

主料：圆白菜 300 克

配料：胡萝卜半根、花椒 10 粒左右

调料：香油 1 汤匙、盐 4 克、糖 5 克

做法：

① 圆白菜洗净，切成寸块，胡萝卜去皮，切片备用。

② 锅中加入十几粒花椒和适量的水烧开，煮出花椒的香气。

③ 分别将胡萝卜、圆白菜放入花椒水的锅中焯水，盛出控水。

④ 准备 1 只干净的碗，放入焯好的胡萝卜、圆白菜，再放入香油、盐、糖拌匀盛盘即可。

营养贴士：圆白菜又名卷心菜，含水量高达 90%，同时还富含维生素 C、维生素 B_6、叶酸和钾，凉拌食用营养丰富而且热量低。

豆角烧茄子

主料：茄子半个（约 200 克）、豆角 200 克

配料：葱少许

调料：盐 4 克、生抽 2 汤匙

做法：

① 豆角洗净，用手掰成五六厘米的长段，茄子洗净，切成长短与豆角相似的段，葱切细段备用。

② 汤锅中放入清水，加入 2 克盐，烧开后放入豆角，煮 7~8 分钟左右关火，捞出控水。

③ 锅中放入适量的食用油，加入葱炒香，加入茄子中火翻炒 3~5 分钟。

④ 在锅中加入豆角段、生抽和余下的 2 克盐，大火翻炒 2~3 分钟后关火出锅。

营养贴士：茄子营养含量丰富，其中每 100 克中维生素 E 的含量高达 150 毫克，是花生的 8 倍，具有抗氧化的作用。豆角富含维生素和矿物质，有健胃补脾的功效。

白菜烧面筋

主料：白菜 300 克、油面筋 10 个左右

配料：大葱少许、八角 1 个

调料：少许香油、生抽 1 汤匙、盐 4 克、少量淀粉

做法：

① 白菜洗净，切成寸段，葱切细段备用。

② 锅中放入少量油，加入八角、葱段炒香，加入白菜片稍做翻炒后，加入适量清水。

③ 将面筋放入锅中，用中火煮 4~5 分钟。

④ 取 1 只碗，放入适量的淀粉、生抽、盐和少许水调汁，淋入锅中，改大火翻炒一两分钟收汁关火，加入少许香油即可。

营养贴士：白菜富含铁、钾等矿物质和维生素 A，而且还含有丰富的粗纤维。油面筋是一种很好的谷类制品，含有植物蛋白，搭配烧制可以在补充维生素和矿物质的同时，又补充了丰富的蛋白质。

清炒芦笋

主料：芦笋 300 克

配料：葱少许

调料：盐 4 克

做法：

① 芦笋洗净，切成 3 厘米 ~4 厘米的长段，葱切细段备用。

② 锅微热后放入食用油，下入葱段炒香，放入芦笋中火炒 2~3 分钟。

③ 加入少许水和适量的盐，盖上锅盖焖 2~3 分钟后关火即可。

营养贴士：芦笋属于百合科植物，富含多种氨基酸、微量元素和维生素，其营养价值高过许多蔬菜，清炒食用爽口美味。

什锦木樨

主料：黄瓜半根（约100克）、胡萝卜半根（约100克）、干木耳10克、鸡蛋2个

配料：葱、姜各少许

调料：盐5克、醋1汤匙、干淀粉少许

做法：

① 木耳泡发2小时，洗净备用。

② 将黄瓜、胡萝卜切成菱形片，鸡蛋磕入1只干净的碗中打散，葱、姜切丝备用。

③ 另取1只干净的碗，放入少许干淀粉、1汤匙醋，加入少许清水拌匀备用。

④ 锅中放入食用油，烧至五六成热时放入打散的鸡蛋，翻炒盛出备用。

⑤ 锅中再次放入少许食用油，加入葱、姜炒香，依次加入木耳、胡萝卜，中火炒3~5分钟。

⑥ 放入黄瓜和炒好的鸡蛋继续翻炒2~3分钟，加入适量的盐和水淀粉，大火炒匀出锅。

营养贴士：鸡蛋具有一定的食疗功效，除含有丰富的蛋白质和多种氨基酸，还含有多种维生素和矿物质，对于产妇来讲可以补充体力、帮助其缓解心烦失眠。配合多种蔬菜一起炒制更利于营养均衡摄入。

红烧肉

主料：五花肉 1000 克、胡萝卜 2 根

配料：姜 3 片、大葱几段、大料 4 颗、花椒 30 粒、桂皮 1 小片

调料：盐 8 克、料酒 1 汤匙、酱油 2 汤匙、砂糖 20 克

做法：

① 五花肉洗净，切成 4 厘米见方的块，放入冷水锅中，中火煮沸后关火，控水备用。

② 胡萝卜洗净，切成滚刀块，姜切片、大葱切寸段备用。

③ 锅微热后放入少许食用油和砂糖，中小火翻炒。

④ 锅中糖油炒至变色后改小火，放入控好的五花肉，翻炒至肉均匀地染上糖色。

⑤ 放入姜、葱、花椒、大料、桂皮、料酒和酱油，稍做翻炒。

⑥ 锅中加入开水和适量的盐，改中火炖煮 30 分钟左右，加入胡萝卜块继续炖 10 分钟后改为大火收汤。

⑦ 汤汁收浓后关火出锅。

营养贴士：猪肉中含有丰富的蛋白质和脂肪，是日常生活中的主要副食来源，可以补虚强身、滋阴润燥。制作红烧肉所选用的是肥瘦相间的五花肉，由于肉块遇急剧的高温肌纤维会变硬，所以不要用旺火猛炖。胡萝卜的维生素含量丰富，特别是其中的脂溶性维生素 A，与猪肉搭配炖制更易被人体所吸收利用。

鲫鱼瓤馅

主料：鲫鱼 1 条、猪肉馅 100 克、面粉 50 克

配料：葱、姜、蒜各适量、花椒 10 粒、八角 1 个

调料：盐 6 克、糖少许、醋 1 汤匙、生抽 3 汤匙、料酒 1 汤匙

做法：

① 鲫鱼去鳞和内脏，洗净、控水。

② 葱、姜分成两部分：一部分切成细末，另一部分葱切成 2 厘米长的段、姜切薄片。另将蒜剥好后从中间部位切开。

③ 准备 1 只干净的拌碗，将猪肉馅、葱末、姜末放入碗中。

④ 碗中加入适量的食用油、2 克盐、1 汤匙生抽和少许香油，顺时针方向搅拌直到肉馅上劲儿。

⑤ 另准备 1 个调料碗，将适量的葱段、姜片、蒜块、花椒、八角放入碗中。

⑥ 将适量的盐、糖、醋、生抽和料酒加入调料碗中制成调料汁。

⑦ 在控去水的鲫鱼表面均匀地拍上面粉。

⑧ 锅中放入食用油，烧至六七成热后放入拍好面粉的鲫鱼煎成两面微黄，捞出控油放凉，将拌好的肉馅放入鱼肚中。

⑨ 锅中放入底油后，将塞好肉馅的鱼放入，调至中火，将调料碗中的汁料浇在煎好的鲫鱼上，盖上锅盖焖 2~3 分钟后加入适量的水。

⑩ 中火炖 10 分钟左右，大火收汤后关火出锅。

营养贴士：鲫鱼肉质细腻，营养丰富，鱼肉中不但含有多种微量元素，还富含蛋白质，每 100 克鲫鱼肉中蛋白质的含量可达到 13 克。猪肉馅中含有人体所需的动物蛋白和脂肪，搭配鲫鱼制成菜品食用对产后的妈妈可起到益气养血，帮助提高泌乳量的作用。

爆炒鸡块

主料：半只童子鸡（约 300 克）、青椒 100 克

配料：姜、葱各少许

调料：盐 5 克、生抽 2 汤匙、糖 5 克

做法：

① 鸡洗净，切成 4 厘米 ~5 厘米的块，加入少许盐（2 克左右）和 1 汤匙生抽，拌匀腌制备用。

② 将青椒洗净，切成与鸡块大小相似的块，姜、葱切丝备用。

③ 锅微热后放入食用油，加入糖中火炒至冒轻微小泡后，加入鸡块翻炒 2~3 分钟。

④ 锅中加入姜、葱、1 汤匙生抽，稍作翻炒后加入少许水，盖上锅盖中火焖 5~6 分钟。

⑤ 将青椒加入锅中焖制后的鸡块中，再加入余下的盐，改大火炒 2~3 分钟，关火即可。

营养贴士：鸡肉中的蛋白质含量比例较高且种类多，容易被人体吸收利用，中医认为食用鸡肉具有温中益气、补虚填精的功效。青椒中的维生素 C 含量丰富，配合炒制，可在提供丰富营养的同时增加色彩上的刺激，提高食欲。

肉片烧茄子

主料：圆茄子 1 个（约 400 克）、猪里脊肉 100 克

配料：葱、姜各少许、大蒜 2 瓣

调料：盐 6 克、酱油 2 汤匙、砂糖 5 克

做法：

① 圆茄子洗净，切成 1 厘米左右的片，猪里脊肉切成薄片备用。

② 大葱切细段、姜切丝、蒜瓣洗净轻拍后切末备用。

③ 锅中放入适量的食用油，烧至六成热后煎茄片，煎好的茄片放入适合的容器中控油备用。

④ 锅中放入少量的油和砂糖，小火将油炒至变色，放入肉片炒至七成熟时加入葱、姜稍作翻炒。

⑤ 加入煎好的茄子，放入适量的酱油后改大火翻炒 1~2 分钟，加入适量的盐，关火拌入蒜末出锅。

营养贴士：茄子营养含量丰富，其中每 100 克中维生素 E 的含量高达 150 毫克，是花生的 8 倍，所以具有抗氧化的作用。同时，茄子皮中也含有丰富的维生素，尤其是 B 族维生素含量更高，所以食用时建议不要去皮。猪里脊肉含有丰富的动物蛋白，同时相对其他部分肉来讲脂肪少，搭配制作营养丰富、味道鲜美。

虾仁蒸蛋羹

主料：鸡蛋 1 个、鲜海虾 50 克

配料：姜、葱各少许

调料：盐 2 克、香油少许

做法：

① 鲜海虾去皮，剥成虾仁，葱切细段、姜切丝备用。

② 准备 1 只干净的碗，将鸡蛋磕入碗中，加入适量的清水、盐、葱段、姜丝和少许香油，搅打均匀后将虾仁放入碗中。

③ 将碗放入蒸锅中，上汽后中火蒸 5~6 分钟关火。

④ 在锅中继续焖 3~4 分钟后取出即可。

营养贴士：海虾中含有丰富的镁、磷、钙等微量元素，有通乳的功效。鸡蛋的营养丰富，尤其是它所含的氨基酸种类与人体相近，易于吸收，对于产后体质虚弱的产妇是一种很好的天然补品。

土豆豆角炖排骨

主料：土豆半个、豆角 200 克、猪肋排 500 克

配料：葱 3~4 段、姜 3~4 片、八角 1 个、桂皮 1 小片

调料：盐 6 克、生抽 2 汤匙、料酒 2 汤匙

做法：

① 肋排洗净，切成6厘米~7厘米长的段，锅中加入冷水，放入切好的排骨，开大火将排骨焯出血沫。

② 土豆洗净、去皮、切成与排骨长短相似的条，豆角洗净，也掰成与排骨长短相似的段，葱切段、姜切片备用。

③ 汤锅中放入开水，加入葱、姜、八角、桂皮和适量的料酒，将焯好的排骨放入其中，大火烧开后转为小火，炖 20 分钟左右。

④ 在锅中加入土豆条、豆角段、适量的盐和生抽后，再中火炖煮 10 分钟后关火出锅。

营养贴士：排骨含有丰富的动物蛋白和脂肪，同时还含有一定量的骨胶原，炖制食用可避免煎炸过程中食用油的过多摄入且易于人体吸收。土豆含有丰富的B族维生素、微量元素、优质淀粉和膳食纤维。豆角富含维生素和矿物质，有健胃补脾的功效。

胡萝卜花生炖猪蹄

主料：猪蹄 1 只、胡萝卜半根、花生 50 克

配料：姜 3 片、大葱几段、大料 1 个、花椒十几粒、桂皮 1 片

调料：盐 4 克、料酒 2 汤匙

做法：

① 猪蹄洗净，切成 4 块，胡萝卜洗净、去皮，切成菱形块，花生洗净，姜切片、大葱切寸段备用。

② 锅中放入适量的食用油，微热后加入猪蹄块中火翻炒 3~4 分钟。

③ 放入姜、葱、花椒、大料、桂皮和料酒，继续翻炒 3~4 分钟后加入开水，小火炖煮 20 分钟。

④ 锅中加入胡萝卜、花生和适量的盐，再小火炖煮 20 分钟左右后关火即可。

营养贴士：猪蹄中含有丰富的胶原蛋白、微量元素，同时维生素A、维生素D、维生素E含量也很丰富。胡萝卜富含脂溶性维生素 A。花生中含多种维生素和矿物质等营养成分，特别是其中所含脂肪油和蛋白质有滋血补气的作用，对产妇有养血通乳的作用。

滋补汤品

丝瓜鲫鱼汤

主料：鲫鱼 1 条、丝瓜 100 克

配料：姜 3~4 片、葱 3~4 段

调料：盐 4 克、料酒少许

做法：

① 鲫鱼刮鳞、去内脏、洗净，丝瓜洗净、去皮，切成滚刀块，姜切片，葱切段备用。

② 锅中放入姜片、葱段，加入适量的水和清洗好的鲫鱼，大火烧开后加入料酒，改小火炖煮 20 分钟左右。

③ 加入适量的盐和丝瓜块，继续炖煮 5~6 分钟关火即可。

营养贴士：鲫鱼肉质细嫩，含有丰富的蛋白质和矿物质，药用价值高，产妇食用更是具有利水、通乳的作用。丝瓜除富含蛋白质、碳水化合物和钙、铁、磷等矿物质外，食用还有通络的作用，产妇食用也可起到通乳的功效。

清炖乌鸡汤

主料：乌鸡 1 只

配料：姜 3~4 片、葱 3~4 段

调料：盐 8 克、料酒少许

做法：

① 乌鸡洗净，顺骨节切段，凉水入锅后焯掉血水，盛出备用。

② 锅中放入姜片、葱段，加入适量的水，烧开后放入焯好的鸡块和料酒，小火炖煮 50 分钟。

③ 加入适量的盐，继续炖煮 4~5 分钟关火即可。

营养贴士：乌鸡又名竹丝鸡，含有丰富的蛋白质、维生素、矿物质和氨基酸，营养价值远远高于普通鸡。同时，由于它的脂肪含量低，所以非常适合煮汤食用，对于体质虚弱的产妇来讲，更可起到补气养血的功效。

萝卜排骨汤

主料：排骨 500 克、白萝卜 200 克

配料：姜 3~4 片、葱 3~4 段

调料：盐 8 克、料酒少许

做法：

① 白萝卜洗净、去皮，切成滚刀块，排骨洗净、切块，凉水入锅后焯掉血水，盛出备用。

② 锅中放入适量的水烧开，加入姜片、葱段、焯好的排骨和适量的料酒，大火再次烧开后改中小火炖煮 20 分钟。

③ 将切好的白萝卜块放入锅中，再炖煮 20 分钟左右。

④ 加入适量的盐，继续炖煮 4~5 分钟后关火即可。

营养贴士：排骨中含有丰富的动物蛋白和脂肪，同时还含有一定量的骨胶原。白萝卜营养价值丰富，有通气活血的功效，和排骨一同炖煮制成汤品食用，更易于人体的吸收。

三文鱼豆腐汤

主料：三文鱼肉 500 克、豆腐 200 克

配料：姜 3~4 片、葱 3~4 段

调料：盐 6 克、料酒少许、白胡椒粉少许

做法：

① 三文鱼肉洗净，切成五六厘米的块，豆腐切成 1 厘米厚、3 厘米长的块，姜切片、葱切段备用。

② 锅中放入姜片、葱段，加入适量的水和三文鱼块，大火烧开后加入少许料酒，改小火炖煮 20 分钟。

③ 加入豆腐块和适量的盐，再小火炖煮 4~5 分钟后关火，加入少许白胡椒粉即可。

营养贴士：三文鱼属海生鱼，含有丰富的蛋白质、维生素 E 和不饱和脂肪酸，加入豆腐炖煮成汤美味又营养。

山药海带萝卜汤

主料：山药 200 克、白萝卜 200 克、海带 100 克

配料：葱少许

调料：盐 6 克

做法：

① 山药和白萝卜分别洗净、去皮，切成滚刀块，海带洗净、切丝，葱切细段备用。

② 锅中放入山药块、白萝卜块、海带丝和葱，加入适量的水烧开后，改中小火煮 10 分钟。

③ 加入适量的盐，再煮 2~3 分钟后关火即可。

营养贴士：山药富含碳水化合物、蛋白质、多种维生素和矿物质。海带中的碘含量丰富。白萝卜富含多种维生素和膳食纤维。三者搭配一同煮汤食用，不但营养成分全面，而且还具有通气活血的功效。

番茄丸子汤

主料：番茄 1 个、猪肉馅 100 克

配料：葱、姜、香菜各少许

调料：香油少许、生抽 1 汤匙、盐 4 克

做法：

① 番茄洗净，切成滚刀块，葱一部分切细段、一部分切末，姜切末，香菜切成寸段备用。

② 准备 1 只干净的拌碗，将猪肉馅、葱末、姜末放入碗中。

③ 碗中加入适量的食用油、盐、生抽和少许香油，顺时针方向搅拌直到肉馅上劲儿。

④ 取 1 只大小适中的勺子，将肉馅分成均等份，团成丸子形状。

⑤ 锅中放入适量水，加入葱和番茄中火煮开。

⑥ 将丸子用勺放入锅中，中火煮 3~4 分钟。

⑦ 加入适量的盐，关火，加入香菜和少量香油即可。

营养贴士：番茄富含胡萝卜素、维生素 C、B 族维生素和多种矿物质。猪肉馅中含有丰富的动物蛋白和脂肪，搭配煮汤营养全面、美味可口。

清炖牛尾汤

主料：牛尾 1000 克

配料：葱 3~4 段、姜 3~4 片、小茴香十几粒

调料：盐 8 克、料酒少许、白胡椒粉少许

做法：

① 牛尾洗净，顺骨节切段，过开水焯掉血水后盛出备用。

② 高压锅中放入姜片、葱段、小茴香，放入焯好的牛尾后，加水没过牛尾即可。

③ 高压锅上汽后小火压 10 分钟左右关火，除去所有调料，盛出牛尾和余下的汤汁备用。

④ 另准备 1 只炖锅加入适量水，大火烧开，锅中放入牛尾、汤汁、少许料酒和适量的盐。

⑤ 中小火炖煮 30 分钟左右后关火，加入少量的白胡椒粉即可。

营养贴士：牛尾含有动物蛋白、脂肪及多种维生素，特别是维生素 B_1、维生素 B_2、维生素 B_{12}、烟酸、叶酸的含量很高，炖煮食用可以补气养血，强筋健骨，非常适合产后体虚的产妇食用。

如果感觉油腻，可待牛尾汤放凉后去掉表面的油脂层，再次加热后食用。

能量主食

红豆米饭

主料：红豆 100 克、大米 100 克

做法：

① 将红豆提前泡 4~5 小时。

② 将泡好的红豆和大米洗净，放入电饭锅中，加入适量的水蒸熟。

营养贴士：红豆又名赤小豆，除了含有丰富的维生素外，还具有清热解毒、补虚消肿的功效，与大米一起蒸饭食用不但营养，而且还可增进产妇的食欲。

葡萄干小发糕

主料：玉米面 300 克、标准粉 100 克、葡萄干 50 克

调料：面肥（或酵母）、碱各适量

做法：

① 将面肥或酵母用少量清水泡开，如用酵母则每 500 克面粉配 5 克 ~6 克酵母。

② 取 1 只干净无油的盆，放入玉米面、标准粉、泡开的面肥或酵母，加入适量的水揉成面团（要稍微多放一点水，让面团更柔软些），盖上盖子饧发（一般玉米面和标准粉的比例为 3:1）。

③ 将葡萄干洗净，用清水泡 30 分钟左右备用。

④ 饧发至面团是原有的 2 倍大（或大于 2 倍时），如选面肥要加入适量的碱水（每 500 克面粉需 3 克 ~5 克碱粉融成碱水），充分揉匀后再饧发 10 分钟左右。如选用酵母直接进入第 5 步操作。

⑤ 蒸锅放入适量的水，笼屉上铺好屉布，将饧发好的面团按比锅小一圈的大小均匀放在屉布上，将泡好的葡萄干均匀放在面团上。

⑥ 开火上汽后，再大火蒸 25~30 分钟即可。

营养贴士：玉米的营养价值丰富，含有大量的卵磷脂、亚油酸、维生素 E 和纤维素等。葡萄干是由鲜葡萄风干而成，富含钙、铁元素，配合白面制成发糕作为主食，不但美味健康，而且还有帮助肠蠕动的功效。

金枪鱼田园蔬菜粥

主料：金枪鱼罐头 100 克、大米 100 克

配料：香芹 50 克、胡萝卜 50 克

调料：盐 3 克、橄榄油几滴

做法：

① 香芹和胡萝卜洗净，切小丁备用，香芹择好，切丁。

② 淘米，大米和清水同时加入锅内，烧开后转小火。

③ 锅里倒入几滴橄榄油。

④ 米粥煮至大米开花时，放入胡萝卜丁、香芹丁。

⑤ 开锅后放入适量盐，同时放入金枪鱼，搅拌均匀后关火。

⑥ 关火后放入嫩芹菜叶，搅拌均匀。

可根据个人口味调整粥的咸度，也可以选择玉米粒等其他蔬菜制作。

营养贴士：金枪鱼所含的 DHA 是鱼中之最，它是人类大脑和中枢神经系统发育必需的营养素，在女性哺乳期间适当食用金枪鱼，可以让宝宝同时得到 DHA 的摄入。

红豆山药粥

主料：大米 100 克、红豆 50 克、山药 100 克

做法：

① 将红豆提前泡 4~5 小时。

② 山药洗净，切滚刀块，放入清水中备用（山药易氧化，放入清水中可避免变黑）。

③ 将泡好的红豆和淘好的大米加入适量的水，大火烧开后改为中火煮 30 分钟左右。

④ 将山药放入锅中，再用中火煮 20 分钟左右关火出锅。

营养贴士：红豆含有丰富的维生素，与山药一同煮粥，可起到健脾宜肾的功效，同时还可以帮助产妇提高自身的免疫力。

花生大枣山药粥

主料：花生 50 克、大枣七八颗、山药 100 克、大米 100 克

做法：

① 山药洗净，切滚刀块，放入清水中备用（山药易氧化，放入清水中可避免变黑）。

② 将花生、大枣洗净和淘好的大米加入适量的水，烧开后改为中火煮 30 分钟左右。

③ 将山药放入锅中，再用中火煮 20 分钟左右关火出锅。

营养贴士：花生中含有丰富的维生素 E。红枣含有蛋白质、多种氨基酸和多种维生素，可以起到补血的功效。花生、大枣搭配山药煮粥，不但可以起到健脾养胃的功效，还可以帮助产妇补血安神。

北极虾炒乌冬

主料：乌冬面 200 克，北极虾若干（根据个人喜好）

配料: 小油菜50克，香菇3~4朵，大蒜 2 瓣

调料：生抽 10 毫升、盐 2 克、蚝油 15 毫升、白糖 10 克

做法：

① 乌冬面用沸水煮 1 分钟，捞出后控干水分备用。

② 锅中放入食用油，烧至八成热时加入蒜末爆香。

③ 加入油菜和香菇翻炒片刻，然后调入生抽、蚝油、糖及盐。

④ 加入乌冬面和北极虾，翻炒 2 分钟左右关火出锅。

葱花鸡蛋饼

主料：香葱 100 克、鸡蛋 4 个、面粉 300 克

调料：盐 6 克

做法：

① 取 1 只干净无油的盆，放入适量面粉，磕入鸡蛋，加入切成细段的香葱，稍做搅拌。

② 加入适量的水，顺同一方向搅拌成糊状。

③ 锅中放入食用油，加入面糊，摊成薄饼状，中间翻一次，使两面均匀受热。

④ 烙熟后盛盘即可。

营养贴士：鸡蛋具有一定的食疗功效，除了含有丰富的蛋白质和多种氨基酸外，还含有多种维生素和矿物质，对于产妇来讲可以补充体力、帮助其缓解心烦失眠。香葱中含有刺激消化酶的成分，可以增加食欲，同鸡蛋一起制成主食，可减少鸡蛋的腥气使薄饼更美味。

核桃红枣山药粥

主料：大米 100 克、核桃 50 克、大枣七八颗

做法：

① 核桃、红枣洗净备用。

② 大米淘好后加入适量的清水，大火烧后改为中小火煮 20 分钟左右。

③ 将洗好的核桃和红枣放入锅中，再用中小火煮 20 分钟左右关火出锅。

营养贴士：核桃中含有丰富的维生素、矿物质和大量对人体有益的不饱和脂肪酸。红枣含有蛋白质、多种氨基酸和多种维生素，可以起到补血的功效，搭配煮粥食用可起到养胃补血的功效。

四、产后第四周

产后第四周的饮食原则是：强化营养，巩固泌乳，为哺乳期产生丰富的乳汁而服务。

经历了前三周既辛苦又幸福的日子，到了第四周，新妈妈的心情慢慢地好了起来，想到马上就要出月子，可以投入到正常的生活中去，心里无比幸福。但是，需要新妈妈注意的是，子宫的复旧常常需要42天或更长。所以，并不是经历了短短4周的时间，身体就可以完全恢复。在这段时间，我们还是应该注意休息，保证每天充足的睡眠时间。过早地工作或身体疲劳都可能导致还不太稳定的泌乳量减少，甚至回奶。这个时候充足的休息是为了以后更健康地生活和劳动。

在饮食上，仍然要保证每天丰富的营养。在第四周，汤品应该参照第三周的原则，适当加荤汤。同时要保证每日蛋白质、碳水化合物及脂肪的摄入量。因为泌乳功能还在慢慢地趋于稳定，所以这段时间的饮食也同样重要。通过适当的营养滋补，巩固前三周坐月子的成效，同时也为恢复正常生活奠定基础。

产后第四周的饮食建议

从这周开始，新妈妈要在恢复正常饮食的基础上增加摄入量。由于泌乳的需要，新妈妈所需的热量增加到每天12000千焦左右，直到哺乳期结束。其中蛋白质、钙、铁、维生素、矿物质的需求量都有所增加。增加的能量会随之转化成乳汁，为宝宝提供营养。在这段时间要注意：只要食物丰富、营养全面，不必吃大量的滋补品，基本上是可以满足哺乳期妈妈和宝宝的营养需求的。多吃一些牛奶、豆腐、瘦肉、海产品等钙含量高的食物，少吃刺激性食物，因为刺激性食物如辛辣食物不但会引起新妈妈发生便秘，还会通过乳汁传递给宝宝，引起宝宝的不适。每餐要注意有荤、有素、有汤水，而且要粗细搭配，杂粮谷物以种类丰富为宜，每天食用至少两种水果。

附：一日食谱参考

餐次	食谱	数量	热量（千焦估值）
早餐	汤包（肉）	100 克	992
	红豆山药粥	100 克（水适量 + 红豆 20 克 + 山药 50 克）	390(红豆 270+ 山药 120)
	煮鸡蛋	50 克	300
	清炒芦笋	100 克	93
加餐	酸奶	125 毫升	375
	小蛋糕	50 克	728
	苹果	100 克	227
午餐	青豆紫米饭	100 克（大米 50 克 + 紫米 50 克 + 青豆 10 克）	500(约)
	清蒸鲈鱼	100 克	439
	什锦肉丁	110 克（猪肉 50 克 + 胡萝卜 20 克 + 土豆 20 克 + 黄瓜 20 克）	934(猪肉 826+ 胡萝卜 32+ 土豆 64+ 黄瓜 12)
	芝麻酱拌豇豆	100 克(豇豆 80 克 + 芝麻酱 20 克)	635(豇豆 108+ 芝麻酱 527)
	红枣鸡汤	200 克（鸡肉 100 克 + 红枣 10 克 + 水适量）	590(鸡肉 460+ 红枣 130)
加餐	木瓜炖银耳	200 克（木瓜 100 克 + 银耳 25 克 + 水适量）	370(木瓜 97+ 银耳 273)
晚餐	麻酱花卷	100 克(白花卷 75 克 + 芝麻酱 25 克)	1330(白花卷 671+ 芝麻酱 659)
	酱焖排骨	100 克	1000
	肉丝炒蒜苗	150 克（蒜苗 100 克 + 猪肉 50 克）	1040(蒜苗 340+ 猪肉 700)
	小白菜炒鸡片	150 克(小白菜 100 克 + 鸡肉 50 克)	350(小白菜 72+ 鸡肉 278)
	番茄豆腐汤	200 克（番茄 1 个 + 豆腐 50 克）	264(番茄 93+ 豆腐 171)
加餐	鲜牛奶	250 毫升	614
合计			11171
总能量摄入	11171 千焦 + 油、盐等调味品约为 12000 千焦(30 克花生油的热量约为 1100 千焦)。		

注：1 千焦 =0.239 千卡

美味菜肴

麻酱拌豇豆

主料：豇豆 100 克、芝麻酱适量

调料：生抽、醋各适量

做法：

① 豇豆洗净，切成寸段，锅中加入适量的水，焯后捞出备用。

② 准备 1 只干净的碗，放入适量的芝麻酱，逐渐适量地加入生抽、醋，顺同一方向搅拌，将芝麻酱调制成稠稀适中的酱料（加生抽时要分多次少量加入，注意咸淡，不要过咸）。

③ 将调好的芝麻酱加入焯好的豇豆中拌好即可。

营养贴士：豇豆俗名长豆角，含有丰富的 B 族维生素、维生素 C 和植物蛋白质，有解渴健脾、补肾止泄、益气生津的功效。芝麻酱中含有丰富的维生素和矿物质，尤其钙含量很高，同时还含有卵磷脂和油脂，且味道香醇，拌制成凉菜食用营养丰富，美味可口。

清炒秋葵

主料：秋葵 300 克

配料：葱少许

调料：盐 4 克

做法：

① 秋葵洗净，切成滚刀块，葱切细段备用。

② 锅微热后放入食用油，下入葱段炒香，放入秋葵块中火炒 2~3 分钟。

③ 加入少许水和适量的盐，盖上锅盖焖 2~3 分钟后关火即可。

营养贴士：秋葵中富含锌、硒等微量元素，可增强人体的免疫力。同时，它还含有丰富的钙、铁和一种特有的黏蛋白，有抑制糖吸收的功效。

青椒炒毛豆

主料：青椒 200 克、毛豆 200 克

配料：葱少许、八角 1 个

调料：盐 5 克

做法：

① 青椒洗净，切成 1 寸大小的块。毛豆洗净，剥成豆粒。葱切细段备用。

② 锅中放入清水，加入 2 克盐和 1 个八角，烧开后加入毛豆粒，煮 4~5 分钟关火捞出控水。

③ 锅中放入适量的食用油，加葱炒香后放入青椒，中火翻炒 2~3 分钟。

④ 加入煮好的毛豆粒和余下的 3 克盐，大火翻炒 2~3 分钟后，关火出锅。

营养贴士：青椒又称菜椒或甜椒，含有丰富的抗氧化剂，如维生素 C、β－胡萝卜素等，能清除使血管老化的自由基，同时它还含有人体所需的维生素 B_6 和叶酸。毛豆就是新鲜的大豆，含有丰富的大豆蛋白，多种维生素和钙、铁等矿物质。这道菜物美价廉、营养丰富。

什锦菜花

主料：菜花 300 克、干木耳 5 克、干黄花 5 克、鸡蛋 2 个

配料：葱、姜各少许

调料：盐 5 克、醋 1 汤匙、干淀粉少许

做法：

① 将干木耳、干黄花泡发 2~3 小时，洗净、择好备用。

② 将菜花洗净，分成小块，葱切细段、姜切丝备用。

③ 锅中放入清水，烧开后加入菜花，煮 4~5 分钟关火，捞出控水。

④ 取1只碗，磕入鸡蛋打散，另取1只干净的碗，放入少许干淀粉、1汤匙醋，加入少许清水拌匀备用。

⑤ 锅中放入食用油，烧至 5~6 成热时放入打散的鸡蛋翻炒，盛出备用。

⑥ 锅中再次放入少许食用油，加入葱、姜炒香，依次加入木耳、黄花和菜花，中火炒 3~5 分钟。

⑦ 放入炒好的鸡蛋、调好的水淀粉和适量的盐，大火翻炒 2~3 分钟关火即可。

营养贴士：菜花富含 B 族维生素和维生素 C。黑木耳中铁含量丰富，有补血的功效。黄花菜富含卵磷脂，可增强脑细胞生长，配合含有丰富蛋白质的鸡蛋炒制食用，不但利于营养均衡摄入，而且对于产妇来讲还可以补血补气。

小白菜炒鸡片

主料：小白菜 300 克、鸡胸肉 150 克

配料：姜丝、葱丝各少许、八角 1 个

调料：盐 4 克、生抽 2 汤匙、料酒、干淀粉各少许

做法：

① 鸡胸肉洗净，切成薄片，加入 1 汤匙生抽、少许料酒和干淀粉拌匀腌制备用。

② 将小白菜洗净，切成与鸡片大小相似的段备用。

③ 锅微热后放入适量食用油，加入 1 个八角、少许姜和葱炒出香气，将鸡肉放入锅中小火翻炒。

④ 鸡片炒至七成熟时加入 1 汤匙生抽和小白菜，中火翻炒 3~4 分钟。

⑤ 锅中加入适量的盐，改用大火翻炒 1~2 分钟后，关火出锅。

营养贴士：小白菜为十字花科蔬菜，富含多种维生素和矿物质，如钙、磷、维生素 C 等的含量都很高。鸡肉中的蛋白质含量丰富，属于低脂肪、高蛋白质的动物性食品，搭配炒制营养更加全面。

红烧大虾

主料：鲜海虾 1 斤

配料：姜、葱各少许

调料：盐 3 克、生抽 1 汤匙、糖 3 克

做法：

① 鲜虾洗净，去虾线，葱切细段，姜切丝备用。

② 锅中放入食用油，中火烧至五六成热后，将虾依次下锅煎至双面变色后，盛出控油。

③ 锅中再次放入少许底油，加入姜、葱炒香后，将控油后的虾倒回锅中，加入生抽、糖、盐，大火炒 2~3 分钟，关火即可。

营养贴士：海虾中富含蛋白质和多种微量元素，特别是钾、碘的含量更是优于其他食材，红烧食用味美又营养。制作时应注意，由于海虾自身含有盐的成分，所以食盐要少加，以免过咸。

肉末炒青豆

主料：猪肉馅 200 克、鲜毛豆 200 克

配料：葱、姜各少许、八角 1 个

调料：盐 4 克、生抽 1 汤匙、料酒少许

做法：

① 鲜毛豆洗净，剥成青豆粒，葱切细段、姜切丝备用。

② 锅中放入清水，加入 2 克盐和 1 个八角，烧开后加入青豆粒，煮 4~5 分钟关火，捞出控水。

③ 锅中放入适量的食用油，加葱、姜炒香后放入猪肉馅，中火翻炒 2~3 分钟，加入料酒和生抽，再继续翻炒 2~3 分钟。

④ 加入煮好的青豆粒和余下的 2 克盐，大火翻炒 2~3 分钟后关火出锅。

营养贴士：猪肉馅中含有丰富的动物蛋白和脂肪，青豆粒是新鲜的大豆，含有丰富的大豆蛋白、多种维生素和钙、铁等矿物质，搭配炒制营养丰富。

肉丝蒜苗

主料：蒜苗 200 克、猪里脊肉 150 克

配料：姜少许

调料：盐 4 克、生抽 2 汤匙

做法：

① 猪里脊肉洗净、切丝，蒜苗洗净，剪去头部花苞，切成寸段，姜切丝备用。

② 锅微热后放入适量的食用油，加姜丝炒香，加入肉丝和 1 汤匙生抽中火翻炒。

③ 将肉丝炒至七成熟后，再加入 1 汤匙生抽和切好的蒜苗段，大火炒 2~3 分钟后加入少许清水，盖上锅盖中火焖 4~5 分钟。

④ 放入适量的盐，翻炒均匀后关火出锅。

营养贴士：猪肉是人体获取动物蛋白和脂肪的重要来源，里脊肉较瘦，脂肪含量相对低。蒜苗又称青蒜，富含维生素 A、维生素 C、胡萝卜素和多种微量元素，具有活血、杀菌的功效。

酱焖排骨

主料：猪肋排 500 克

配料：大葱 3 段、生姜 3 片、大蒜 5 瓣

调料：生抽 15 毫升、黄豆酱 20 克、米醋 20 毫升、老抽 5 毫升、冰糖 10 克、花椒 10 粒、花生油少许

做法：

① 排骨洗净，切小块。

② 冷水入锅，加入花椒，大火烧开后煮 3 分钟，将排骨捞出。

③ 电饭锅内胆涂抹少许花生油，放入葱段、姜片及大蒜。

④ 将焯烫后的排骨放入锅内，加入醋、生抽、老抽、黄豆酱及冰糖，用筷子搅拌均匀。

⑤ 开启煮饭程序，一个程序结束后将排骨搅拌均匀，再启用一个煮饭程序。直至排骨软烂。

黄豆炖猪蹄

主料：猪蹄1只、干黄豆50克

配料：姜3片、大葱几段、大料1个、花椒十几粒、桂皮1片

调料：盐4克、料酒2汤匙

做法：

① 干黄豆洗净，放入1只干净的碗中，加入清水泡发3~4小时备用。

② 猪蹄洗净，切成4块，姜切片、大葱切寸段备用。

③ 锅中放入适量的食用油，微热后加入猪蹄块，中火翻炒3~4分钟。

④ 放入姜、葱、花椒、大料、桂皮和料酒，继续翻炒3~4分钟。

⑤ 锅中加入开水、泡好的黄豆和适量的盐，小火炖煮40分钟左右后关火即可。

营养贴士：猪蹄中含有丰富的胶原蛋白，并且脂肪含量也比猪肉要低得多，同时它的微量元素和维生素A、维生素D、维生素E含量也很丰富。黄豆中含有丰富的钙、磷等矿物质和不饱和脂肪酸，且钙、磷比例适当，易于被人体吸收。黄豆炖猪蹄可为产妇提供多种营养物质。

柠香烤鸡翅

主料：鸡翅根 6 个

配料：青柠檬 1 个，白洋葱半个

调料：盐 5 克，黑胡椒粉 1 小勺，干罗勒少许，蚝油 15 毫升，橄榄油 10 毫升

做法：

① 鸡翅根洗干净，擦去表面水分，用牙签扎若干小孔以便入味，放入干净的盆中。

② 青柠檬半个，切薄片，加入鸡翅中。另外半个青柠檬挤出柠檬汁，加入鸡翅中。

④ 分别调入盐、黑胡椒粉、蚝油、干罗勒、橄榄油，搅拌均匀。

⑤ 洋葱切片，将一半的量加入鸡翅中，搅拌均匀

⑥ 鸡翅腌制 1 小时以上，然后将腌制好的鸡翅和洋葱放入烤盘。

⑦ 烤箱 220℃预热，中下层，30 分钟。在烤制 20 分钟以后打开烤箱，放入剩余的洋葱片，再撒上少许黑胡椒粉。

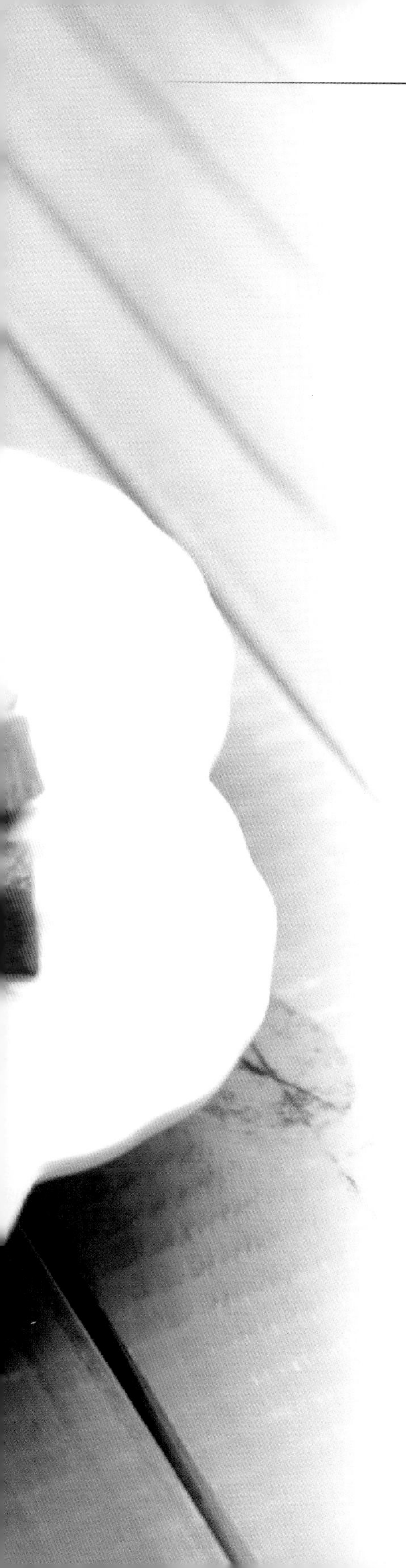

什锦肉丁

主料：以色列黄瓜 1 根、胡萝卜半根、土豆半个、去皮五花肉 150 克

配料：姜、葱各少许

调料：盐 5 克、生抽 2 汤匙

做法：

① 去皮五花肉洗净，切成 1.5 厘米见方的小丁，葱切细段、姜切丝备用。

② 将胡萝卜、土豆洗净、去皮，切成与肉丁大小相似的块，黄瓜洗净后也切成与肉丁大小相似的块备用。

③ 锅中放入清水，烧开后分别将胡萝卜和土豆焯 3~5 分钟，捞出控水。

④ 锅微热后放入适量食用油，加入姜、葱炒出香气，将肉丁放入锅中小火翻炒。

⑤ 肉丁炒至七成熟时加入生抽和土豆、胡萝卜块，改中火翻炒三四分钟。

⑥ 锅中加入黄瓜，放入适量的盐，改用大火翻炒 2~3 分钟后关火出锅。

营养贴士：土豆含有丰富的 B 族维生素、微量元素、优质淀粉和膳食纤维。以色列黄瓜又称水果黄瓜，属葫芦科蔬菜，富含 B 族维生素和维生素 C。胡萝卜含有丰富的维生素 A、β－胡萝卜素等。猪肉中含有丰富的蛋白质和脂肪，是日常生活中的主要副食来源，可以补虚强身、滋阴润燥，搭配以上三种蔬菜炒制营养更全面。制作时注意，由于所选用的是肥瘦相间的五花肉，为避免脂肪摄入过量，应将食用油的用量相应减少。

滋补汤品

萝卜丝鲫鱼汤

主料：鲫鱼 1 条、白萝卜 100 克

配料：姜 3~4 片、葱 3~4 段

调料：盐 4 克、料酒少许

做法：

① 鲫鱼刮鳞、去内脏、洗净，白萝卜洗净、去皮、切丝，姜切片，葱切段备用。

② 锅中放入姜片、葱段，加入适量的水和清洗好的鲫鱼，大火烧开后加入料酒，改小火炖煮 20 分钟左右。

③ 加入适量的盐和白萝卜丝，继续炖煮 5~6 分钟关火即可。

营养贴士：鲫鱼肉质细嫩，含有丰富的蛋白质和矿物质，药用价值高，产妇食用更是具有利水、通乳的作用。白萝卜富含维生素 A 和维生素 C，食用可起到通气消食的功效。

番茄豆腐汤

主料：番茄 200 克、豆腐 100 克

配料：葱少许

调料：盐 4 克、香油少许

做法：

① 番茄洗净，切成滚刀块，豆腐切成 1 厘米厚、3 厘米长的块，葱切细段备用。

② 锅中放入适量的水，加入葱、番茄块和豆腐块，煮开后加入盐，改中小火煮 4~5 分钟关火，之后加入少许香油即可。

营养贴士：番茄又名西红柿，富含胡萝卜素、维生素 C、B 族维生素、多种矿物质和有抑菌抗氧化作用的番茄红素。豆腐中的营养成分同样非常丰富，两者搭配煮汤营养更全面。

番茄牛尾汤

主料：牛尾 500 克、番茄 1 个、洋葱 1/4 个、胡萝卜 1 根

配料：蒜 3~4 瓣、姜 3~4 片、花椒十几粒、八角 1 个、香叶半片

调料：盐 6 克、糖 4 克、生抽 2 汤匙、番茄酱 3 汤匙、黑胡椒粉少许

做法：

① 牛尾洗净，顺骨节切段，过开水焯掉血水，锅中放入适量食用油，油温六七成热时下入牛尾煎炸，炸至微焦时盛出备用。

② 番茄用开水烫后去皮、切块，洋葱和胡萝卜洗净，切滚刀块，姜切片、蒜轻拍切块备用。

③ 高压锅中放入姜片、蒜块、花椒、八角、香叶（少量），加入适量的水后放入煎过的牛尾，小火压 10 分钟左右，除去所有调料，剩牛尾和清汤备用。

④ 锅中放入少许食用油，放入番茄酱小火煸香后，加入胡萝卜块翻炒 2~3 分钟。

⑤ 锅中放入牛尾和清汤后，加入适量的生抽，大火炒开，放入番茄块、盐、糖，改小火炖煮 15 分钟左右。

⑥ 加入洋葱改大火炖 1~2 分钟后关火，加入少量的黑胡椒粉即可。

营养贴士：牛尾含有动物蛋白、脂肪及多种维生素，特别是维生素 B_1、维生素 B_2、维生素 B_{12}、烟酸、叶酸的含量很高，炖煮食用可以补气养血，强筋健骨，尤其适合体虚的人群食用。番茄在加热食用时，其抗氧化成分能很好地被人体吸收，胡萝卜中含有的脂溶性维生素在汤中可以很好地溶解，洋葱具有健脾消食的功效，几种蔬菜配合，汤品不但味道鲜美，而且营养丰富。

土鸡山药汤

主料：土公鸡半只、山药 200 克

配料：姜 3~4 片、葱 3~4 段

调料：盐 6 克、料酒少许

做法：

① 山药洗净、去皮、切块，放入 1 只盛有清水的碗中备用。

② 鸡洗净，顺骨节切段，凉水入锅后焯掉血水，盛出备用。

③ 锅中放入姜片、葱段，加入适量的水，烧开后放入焯好的鸡块和料酒，小火炖煮 50 分钟左右。

④ 将山药块放入锅中，加入适量的盐后，改中小火炖煮 7~8 分钟关火即可。

营养贴士：土鸡是指成长周期超过 6 个月的散养鸡，土鸡肉中的蛋白质含量高于普通的鸡肉，特别是土公鸡的脂肪含量低，非常适合煲汤食用。山药富含碳水化合物、蛋白质、多种维生素和矿物质，营养成分全面，有滋阴益肺的功效。

山药丸子汤

主料：山药 200 克、猪肉馅 100 克

配料：葱末、姜末各少许

调料：香油少许、生抽 1 汤匙、盐 6 克

做法：

① 山药洗净、去皮、切块，葱、姜切末备用。

② 准备 1 只干净的拌碗，将猪肉馅、葱末、姜末放入碗中。

③ 碗中加入适量的食用油、2 克盐、1 汤匙生抽和少许香油，顺时针方向搅拌直到肉馅上劲儿。

④ 取 1 只大小适中的勺子，将肉馅分成均等份，团成丸子形状。

⑤ 锅中放入适量水和山药，烧开后改中小火煮 4~5 分钟。

⑥ 将丸子用勺放入锅中，中火继续煮 3~4 分钟。

⑦ 加入余下的 4 克盐，搅拌均匀后关火，加入少许香油即可。

营养贴士：猪肉馅中含有丰富的动物蛋白和脂肪。山药富含多种维生素和矿物质，搭配煮汤食用营养全面，利于吸收。

玉米大骨汤

主料：大腔骨1000克、鲜玉米1根、胡萝卜1根

配料：姜3~4片、葱3~4段

调料：盐8克、料酒少许

做法：

① 鲜玉米洗净、去须，切成1寸半左右的段，胡萝卜洗净，切成滚刀块，姜切片、葱切段备用。

② 大腔骨洗净，从中部切开后，凉水入锅后焯水即刻盛出备用（由于大骨很坚硬不易切开，可在购买时请店主代切）。

③ 锅中放入适量的水烧开，加入姜片、葱段、焯好的排骨、玉米、胡萝卜和适量的料酒，大火再次烧开后改中小火炖煮30分钟。

④ 加入适量的盐，继续炖煮7~8分钟后关火即可。

营养贴士：腔骨和排骨相同，都含有丰富的动物蛋白，同时还含有大量的骨胶原和钙、磷等矿物质。玉米中含有大量的植物纤维和天然的维生素E，可起到降低胆固醇的作用，和腔骨一同炖煮制成汤品食用，可以减少脂肪的吸收，使其更营养健康。

能量主食

牛肉面

主料：牛腩肉 500 克、杏鲍菇 1 个（约 100 克）、小油菜 100 克、面 500 克

配料：葱几段、姜 2 片

调料：盐 6 克、生抽 3 汤匙、料酒 2 汤匙

做法：

① 牛腩肉洗净，切成 2 寸见方的块，葱、姜洗净，葱切寸段，姜切片。

② 杏鲍菇洗净后切成薄片，小油菜择好、洗净备用。

③ 准备 1 只大点儿的炖锅，放入牛腩肉和葱、姜，加入适量的凉水煮开后，反复撇去血沫，直到汤清亮为止。

④ 将盐、生抽、料酒加入锅中，大火烧开后改中小火煮 40 分钟左右。

⑤ 另准备 1 只煮锅，加入适量的清水。开锅后放入手擀面，将面煮至七成熟后捞入炖锅中，加入杏鲍菇和小油菜，全熟后关火即可。

营养贴士：牛肉中的蛋白质含量高且脂肪含量低，同时还含有丰富的蛋白质和氨基酸，可帮助产妇提高免疫力，防治下肢水肿。搭配蔬菜和菌类共同食用，营养更全面。

香菇鸡肉粥

主料：大米100克、鸡胸肉50克、干香菇20克

配料：姜10克、香葱少许

调料：盐3克、香油少许

做法：

① 鸡胸肉洗净，切成细丝，姜切丝、香葱切细段备用。

② 干香菇用清水泡2小时左右，捞出挤干水分，切成与鸡肉丝相似的细丝。

③ 大米淘净后加少量清水和少许香油，泡1小时左右。

④ 泡好的大米放入锅中，加入适量的水和5克姜丝，大火烧开后中小火煮30分钟左右。

⑤ 将鸡丝、香菇丝、余下的姜丝和适量的盐加入锅中，再小火煮20分钟左右关火，撒上香葱段拌匀即可。

营养贴士：香菇含有丰富的蛋白质、多糖和多种氨基酸。鸡肉中的蛋白质含量比例较高且种类多，容易被人体吸收利用，搭配大米熬粥易于营养的补充。

牛肉木耳包子

主料：全麦面粉 500 克、牛肉馅 200 克、干木耳 20 克

配料：葱、姜各适量

调料：盐 4 克、生抽 2 汤匙、香油少许、面肥（或酵母 5 克 ~6 克）、碱 3 克 ~5 克。

做法：

① 将面肥或酵母用少量清水泡开，如用酵母则每 500 克面粉配 5 克 ~6 克酵母。

② 取 1 只干净无油的盆，放入面粉、泡开的面肥或酵母，加入适量的水揉成面团，盖上盖子饧发。

③ 干木耳泡发 2 小时左右后洗净、控水、剁碎，葱、姜洗净、切成末。

④ 准备 1 只干净的拌碗，将牛肉馅、木耳碎、葱末、姜末放入碗中。

⑤ 碗中加入适量的食用油、盐、生抽和少许香油，顺时针方向搅拌直到肉馅上劲儿。

⑥ 面团饧发至原有的 2 倍大（或大于 2 倍）时，如选面肥要加入适量的碱水（每 500 克面粉需 3 克 ~5 克碱粉融成碱水）充分揉匀后再饧发 10 分钟左右。如选用酵母直接进入第 7 步操作。

⑦ 案板上铺撒上面粉，将饧发好的面团放在案板上用力充分揉匀，排出发酵所产生的气泡。

⑧ 将面搓成长条后分成 3 厘米 ~4 厘米的小面团，将面团擀成面皮后，取适量的肉馅放在皮上，捏褶合成包子形状。

⑨ 蒸锅放入适量的水烧开，开水上屉大火蒸 25 分钟即可。

营养贴士：木耳是一种富含多种维生素和微量元素的菌类。牛肉中的蛋白质含量很高，相对而言脂肪含量低，牛肉中所含的蛋白质和氨基酸可帮助产妇提高免疫力。在用面肥发面时，由于四季温度不同会直接影响到面的饧发，所以在加碱时要根据情况在上面的克数范围内加减，一般情况以加过碱的面不发黄、不发酸、不黏手、有弹性为宜。

紫米红枣粥

主料：大米 50 克、紫米 50 克、红枣 50 克

做法：

① 红枣洗净，紫米、大米淘净备用。

② 锅中加入紫米、大米、红枣和适量的水，大火烧开后中小火煮 40 分钟左右关火即可。

营养贴士：紫米属于糯米类谷物，富含赖氨酸、色氨酸、维生素 B_1、维生素 B_2、叶酸等多种营养物质，有补血益气、暖脾胃的功效。红枣是补血的佳品，可提高人体的免疫力，健脾益胃。搭配煮粥食用清香软糯，营养价值较高。

胡萝卜土豆焖饭

主料：胡萝卜1根、土豆1个、去皮五花肉150克、大米300克

配料：姜、葱各少许

调料：盐5克、生抽2汤匙

做法：

① 去皮五花肉洗净、切片，葱切细段、姜切丝备用。

② 将胡萝卜、土豆洗净、去皮，切成滚刀块。

③ 锅微热后放入适量食用油，加入姜、葱炒出香气，将肉片放入锅中小火翻炒。

④ 肉片炒至五成熟时加入生抽和土豆、胡萝卜块、适量的盐，中火翻炒均匀后加入适量的清水，焖3~4分钟后关火。

⑤ 淘好大米，放入电饭锅中，加入适量的清水，再将焖好的土豆、胡萝卜和肉片连汤汁一同放入锅中蒸熟即可。

营养贴士：土豆含有丰富的B族维生素、微量元素、优质淀粉和膳食纤维。胡萝卜含有丰富的维生素A、β-胡萝卜素等。猪肉中含有丰富的蛋白质和脂肪。谷类食物中维生素含量丰富。搭配做成焖饭营养丰富，制作简单。

炸酱面

原料：面条 500 克、菠菜 100 克、黄瓜 100 克、黄酱 50 克、五花肉 50 克

配料：葱 25 克

调料：盐 2 克

做法：

① 将黄酱放入 1 只干净的碗中，用清水泄开，加入适量的盐拌匀，五花肉稍做清洗后切成 1 厘米左右的丁，菠菜择好、洗净，切成寸段，黄瓜洗净、切丝，葱切细段备用。

② 锅中加入适量的食用油，加入葱花爆香后加入肉丁，炒至八成熟后改小火，加入泄好的黄酱不停顺时针炒至浓稠，关火盛出。

③ 锅中放入适量清水，烧开后分别放入菠菜及黄瓜丝，焯好盛出，控水装盘。

④ 另取一锅煮面，面条煮好后控去水分装碗，加入适量的炸酱、黄瓜丝和菠菜拌匀即可。

营养贴士：黄酱是由黄豆炒熟磨碎后发酵制成，富含蛋白质、维生素和钙、磷、铁等矿物质，搭配猪肉制成炸酱营养丰富。另外，配菜中的黄瓜有除湿利水、促进消化的功效，菠菜中又富含维生素 A、维生素 C 和矿物质铁。

紫薯发糕

主料：紫薯 150 克、面粉 170 克

配料：砂糖 10 克、干酵母 3 克、牛奶 50 克、白芝麻少许

做法：

① 紫薯去皮，上锅大火蒸熟。

② 蒸好的紫薯切成小块后压成泥，加入牛奶混合均匀。

③ 将紫薯泥、面粉、砂糖和干酵母混合均匀，揉成面团。

④6 寸圆形模具内抹少许色拉油，双手蘸水将面团放入模具内，压扁。

⑤ 放置于温暖的地方发酵 1 小时，至面团 2 倍大。

⑥ 表面撒少许白芝麻。

⑦ 模具放入蒸笼，大火烧开后转中火，蒸制 30 分钟，关火后焖 5 分钟。

紫米饭

主料：大米 200 克、紫米 50 克、鲜青豆 50 克

做法：

① 新鲜的毛豆剥皮，取青豆粒洗净备用。

② 将紫米和大米洗净，连同青豆一同放入电饭锅中，加入适量的水蒸熟。

营养贴士：青豆就是新鲜的大豆，含有丰富的大豆蛋白、多种维生素和钙、铁等矿物质。紫米是糯米的一种，含有天然的色素且营养丰富，除谷类共有营养成分外，它还含有丰富的赖氨酸、色氨酸和铁、锌、钙、磷等矿物质。将紫米与大米、青豆一同制成主食，营养全面，有补血益气、收宫滋阴的功效，非常适合产妇食用。

五、甜甜蜜蜜的加餐

在整个月子期间，由于宝宝还很小，胃的容量也很小，所以妈妈需要经常进行哺乳。母乳喂养的原则是按需喂养，一般应该每隔 2 小时哺乳一次。按需喂养的宝宝饮食规律不尽相同，有些宝宝需要经常喂奶，这样就会对新妈妈的睡眠造成影响，不规律的作息时间，加之产奶同时也会消耗新妈妈的营养和能量，这段时间，新妈妈会经常觉得饥饿，饭量也可能会比生产之前有所增加，常常需要加餐或增加正餐的次数。在这里，我们推荐自己制作的加餐，这样可以避免市售产品过多的添加剂，随吃随做，更保证了食物的新鲜。

红糖梨水

主料：红糖 100 克、梨 1 个（约 100 克）、红枣 3~4 颗

做法：

① 红枣洗净，梨洗净、去皮，从中间切开分成两半备用。

② 锅中放入适量水、红枣和梨块，大火烧开后改小火煮 8~9 分钟。

③ 加入红糖搅拌均匀，改中火继续煮 2~3 分钟，关火即可。

营养贴士：红糖是未经精炼的粗糖，保留了较多的维生素和矿物质，特别是其中钙的含量更高，每 100 克红糖中约含 90 毫克钙。梨的营养丰富，不但含有多种维生素，而且汁水多，口感酸甜，食用可起到生津润肺的功效。通过配合红糖和红枣煮汤，去除了生梨的寒凉性质，作为热饮食用还可起到开胃的作用。

红糖姜茶

主料：红糖 100 克、老姜 50 克

做法：

① 老姜洗净，切成细丝备用。

② 锅中放入适量水，加入姜丝中火煮开，转中小火再煮 4~5 分钟。

③ 加入红糖后搅拌均匀，再小火煮 2~3 分钟关火即可。

营养贴士：红糖是未经精炼的粗糖，保留了较多的维生素和矿物质，特别是其中钙的含量更高，每 100 克红糖中约含 90 毫克钙。姜具有补脾暖胃的功效，配合红糖制成饮品，有利于产妇体力的恢复。

百合红豆沙

主料：红豆 50 克、鲜百合 50 克、红枣 5~6 颗

调料：冰糖 8 克

做法：

① 红豆洗净，用清水泡 3~4 小时，鲜百合洗净，掰成片，红枣洗净备用。

② 将泡好的红豆放入豆浆机中，加入适量的水，选择制豆沙挡(如没有，选全豆功能挡亦可)打成沙。

③ 将制好的豆沙倒入锅中，加入鲜百合片和红枣，大火烧开后改小火炖煮 20 分钟左右。

④ 锅中加入冰糖，搅拌均匀关火即可。

营养贴士：红豆又名赤小豆，除含有丰富的维生素外还具有清热解毒、补虚消肿、利水祛湿的功效。百合含有丰富的植物蛋白、B 族维生素和钙、磷、铁等矿物质，搭配红枣一起制成饮品，可以起到提高免疫力和润燥补虚的功效。

红糖醪糟鸡蛋

主料：醪糟200毫升、红糖20克、鸡蛋1个

做法：

① 准备1个干净的碗，将鸡蛋磕入碗中打散备用。

② 锅中放入200毫升醪糟和200毫升水，中小火煮开，将打散的鸡蛋用筷子篦着抡入锅中，再小火煮2~3分钟。

③ 加入红糖搅拌均匀，关火即可。

营养贴士：醪糟是由糯米发酵制成的一种传统南方小吃，富含多种氨基酸，营养价值高。鸡蛋中蛋白质含量丰富，加入红糖制成甜汤味道香甜，食用可有助于消化，增加产妇的食欲。

花生核桃豆浆

主料：黄豆 50 克、花生 25 克、核桃 25 克

调料：冰糖少许

做法：

① 黄豆洗净，用清水泡 3~4 小时，花生、核桃洗净备用。

② 将泡好的黄豆、洗净的花生、核桃放入豆浆机中，加入适量的水，选择五谷豆浆挡制成浆。

③ 将制好的豆浆倒入锅中，再次大火烧开后关火，加入少许冰糖拌匀即可。

营养贴士：核桃中含有丰富的维生素、矿物质和大量对人体有益的不饱和脂肪酸。花生中所含的脂肪和蛋白质有滋血补气的作用，对产妇有养血通乳的作用，搭配富含钙、磷、镁和大豆蛋白的黄豆制成饮品营养更全面。

蜜汁百合南瓜

主料：南瓜、百合、红枣各 50 克

配料：蜂蜜适量

做法：

① 百合干洗净，泡发 1 小时左右备用（如当季有新鲜百合选用更佳）。

② 南瓜、红枣洗净，南瓜切成滚刀块。

③ 锅中放入南瓜和红枣，加入适量冷水炖煮 20 分钟左右。

④ 将百合干加入锅中再煮 10 分钟左右关火（如选用新鲜百合，南瓜、小枣直接煮 30 分钟左右，关火后再加入百合）。

⑤ 将煮好的南瓜、百合、小枣盛入盘中放凉，调入蜂蜜即可。

营养贴士：百合为百合科球根植物，中医认为百合性微寒平，具有清火、润肺和安神的功效，配合红枣和南瓜一同食用，可帮助新妈妈安神去燥。注意：高温会破坏蜂蜜中的有益成分，所以一定将菜品放凉后再加入。

木瓜银耳羹

主料：干银耳 20 克、木瓜 100 克

调料：冰糖 8 克

做法：

① 银耳泡发 2~3 小时，木瓜去皮、去子，洗净、切块备用。

② 将发好的银耳放入锅中，加入适量的水烧开，改中小火炖煮 30 分钟。

③ 锅中加入木瓜和冰糖，继续炖煮 5 分钟后关火即可。

营养贴士：银耳俗称白木耳，含有多种氨基酸和矿物质，银耳含有 3/4 人体所必需的氨基酸。银耳的钙、铁含量很高，每 100 克中约含有 643 毫克的钙和 30.4 毫克的铁。木瓜含有多种营养素，特别是其中的维生素 A 和维生素 C 的含量极高，是西瓜、香蕉的 5 倍，同时它还含有大量的胡萝卜素，是一种天然的抗氧化剂，搭配银耳食用营养更全面。

牛奶炖木瓜

主料：牛奶 500 毫升、木瓜 100 克

调料：冰糖 5 克

做法：

① 木瓜去皮、去子，洗净、切块备用。

② 锅中放入木瓜、冰糖后加入牛奶，烧开后关火即可。

营养贴士：木瓜香甜多汁，含有丰富维生素 A、B 族维生素、维生素 C 和铁、钙等矿物质。牛奶的矿物质含量同样很丰富，特别是钙、磷比例适中，非常有利于钙的吸收利用。木瓜炖牛奶不但营养价值高，而且对产妇还有通乳的功效。

银耳百合羹

主料：干银耳 20 克、百合干 10 克、红枣 5~6 颗、枸杞几粒

调料：冰糖 8 克

做法：

① 银耳泡发 2~3 小时，百合干洗净，泡发 30 分钟左右（如选用鲜百合直接洗净备用）。

② 红枣、枸杞洗净备用。

③ 将发好的银耳和红枣放入锅中，加入适量的水烧开后，改小火炖煮 30~40 分钟。

④ 锅中加入冰糖和备好的百合、枸杞，继续小火加热 10 分钟左右关火（如选用鲜百合则关火后再加入）。

营养贴士：银耳俗称白木耳，含有多种氨基酸和矿物质，银耳含有 3/4 人体所必需的氨基酸。银耳的钙、铁含量很高，每 100 克中含有 643 毫克的钙和 30.4 毫克的铁。搭配红枣一起炖汤，可以起到补血的功效，同时再加入百合和枸杞，还可起到提高免疫力和润燥的功效。

银耳莲子羹

主料：干银耳 20 克、莲子 20 克、枸杞十几粒

调料：冰糖 10 克

做法：

① 银耳泡发 2~3 小时，莲子洗净，泡 30 分钟左右，枸杞洗净备用。

② 将发好的银耳和莲子放入锅中，加适量的水，大火煮开后改中小火炖煮 30~40 分钟。

③ 锅中加入冰糖和备好的枸杞，小火加热 5 分钟左右关火即可。

营养贴士：银耳含有丰富的蛋白质和微量元素，其中丰富的磷含量还是细胞核蛋白的主要组成部分，帮助机体进行蛋白质、脂肪、糖类代谢。莲子具有养心安神的功效，搭配银耳一起炖煮食用可补气养心。

糖水黄桃

主料：冰糖50克、黄桃3个（约300克）

做法：

① 黄桃洗净、去皮，切成类似橘瓣大小的块备用。

② 准备1只大点的蒸碗，分层放入黄桃块，每放一层时加入少许冰糖，直至摆放完。

③ 将放好黄桃块的蒸碗放入蒸锅中，大火上汽后改中小火蒸20分钟左右，关火即可。

营养贴士：黄桃属蔷薇科水果，富含胡萝卜素、番茄红素、维生素C和膳食纤维，有提高免疫力，促进食欲，缓解便秘的功效。

杯子蛋糕

材料：蛋黄 2 个、砂糖 15 克、蛋白 2 个、砂糖 30 克、低筋面粉 30 克、玉米淀粉 20 克、奶粉 10 克

表面装饰：淡奶油 100 克、砂糖 20 克、水果适量

做法：

① 蛋白分 3 次加入砂糖，打至硬性发泡。

② 蛋黄加入砂糖，搅打均匀。

③ 取1/3的蛋白糊加入蛋黄糊中，用刮刀切拌均匀。

④ 将蛋黄糊全部加入余下的蛋白糊中，切拌均匀。

⑤ 将全部粉类过筛，加入到混合好的蛋白糊中，切拌均匀成蛋糕糊。

⑥ 将蛋糕糊装入纸杯中，约 8 分满。

⑦ 烤箱 180℃预热，中下层烤制 20 分钟。

⑧ 淡奶油加入砂糖打发，用裱花嘴挤在蛋糕表面，搭配水果装饰。

Tips：淡奶油和水果装饰可以省略，直接吃蛋糕也很美味。

红枣戚风蛋糕

材料：7 寸中空模具 1 个

蛋白糊：蛋清 4 个（小个鸡蛋）、白砂糖 30 克、柠檬汁几滴

蛋黄糊：蛋黄 4 个、砂糖 12 克、红枣 5 颗、牛奶 50 毫升、色拉油 40 毫升、低筋面粉 60 克

做法：

① 红枣洗净，去核切碎，加入牛奶，用微波炉加热 1 分钟，再用食物料理机打碎成红枣浆备用。

② 蛋黄加入砂糖、色拉油及红枣浆，搅拌均匀。

③ 低筋面粉过筛后加入蛋黄糊中，用刮刀快速且轻柔地切拌均匀。

④ 蛋白加入几滴柠檬汁，分 3 次加入砂糖，用电动打蛋器打至中干性发泡。

⑤ 取 1/3 的蛋白糊加入蛋黄糊中，用刮刀切拌均匀。

⑥ 将蛋黄糊全部倒入余下的 2/3 蛋白糊中，刮刀切拌均匀成蛋糕糊。

⑦ 将蛋糕糊倒入模中，轻震几下，震出大气泡，烤箱 150℃预热，中下层烤制 40 分钟，取出后立刻倒置，放凉后脱模。

奶油戚风蛋糕

材料：7 寸中空模具 1 个

蛋白糊：蛋清 3 个、白砂糖 30 克、柠檬汁几滴

蛋黄糊：蛋黄 3 个、砂糖 12 克、牛奶 40 毫升、色拉油 40 毫升、低筋面粉 60 克

表面装饰：淡奶油 100 克、砂糖 20 克、车厘子若干

做法：

① 蛋黄加入砂糖、色拉油及牛奶，搅拌均匀。

③ 低筋面粉过筛后加入蛋黄糊中，用刮刀快速且轻柔地切拌均匀。

④ 蛋白加入几滴柠檬汁，分 3 次加入砂糖，用电动打蛋器打至中干性发泡。

⑤ 取 1/3 的蛋白糊加入蛋黄糊中，用刮刀切拌均匀。

⑥ 将蛋黄糊全部倒入余下的 2/3 蛋白糊中，刮刀切拌均匀成蛋糕糊。

⑦ 将蛋糕糊倒入模中，轻震几下，震出大气泡，烤箱 150℃预热，中下层烤制 40 分钟，取出后立刻倒置，放凉后脱模。

⑧ 淡奶油加入砂糖打发，装饰在蛋糕表面，摆上车厘子。

水果及淡奶油可省略。

柠檬蒸糕

材料：6 寸活底蛋糕模、鲜柠檬 1 个、柠檬皮、色拉油 40 毫升、鸡蛋 3 个、细砂糖 100 克、低筋面粉 100 克、泡打粉 1~4 小勺

做法：

① 柠檬取汁，柠檬用锉刀取皮屑，和色拉油混合均匀备用。

② 全蛋液放入干燥的盆内，加入砂糖，充分打发（可用温水坐浴法）。

③ 低筋面粉和泡打粉过筛后加入打发的全蛋液内。

④ 加入柠檬混合物，用刮刀搅拌均匀成面糊、入模。

⑤ 放入蒸锅或笼屉，大火蒸 30 分钟左右出炉。

三色玛德琳蛋糕

材料：无盐黄油100克、砂糖100克、鸡蛋2个、低筋面粉100克、泡打粉1/4小勺、抹茶粉5克、可可粉5克、柠檬汁少许

做法：

① 砂糖加入鸡蛋液中，充分搅打均匀。

② 将低筋面粉和泡打粉一同过筛，加入到鸡蛋液中，用刮刀切拌均匀。

③ 将黄油切成小丁，用微波炉加热到完全溶化，倒入面糊中，用刮刀充分切拌均匀。

④ 抹茶粉、可可粉分别放入2个小碗中，加入少许开水完全溶化。

⑤ 将面糊分成三等份，分别加入可可液、抹茶液及柠檬汁，切拌均匀后装入三个裱花袋中。

⑥ 将装好的面糊放入冰箱冷藏室，冷藏1小时。

⑦ 取出后稍回温，将三种颜色的面糊依次挤入不粘烤盘中。

⑧ 烤箱180℃预热，中层烤制15~18分钟。注意上色程度，避免煳掉。

酸奶玛芬蛋糕

材料：无盐黄油 60 克、细砂糖 60 克、鸡蛋 1 个、酸奶 70 克、低筋面粉 100 克、泡打粉 1 小勺

做法：

① 黄油切小丁，放入干燥的盆内，室温软化。

② 分 3 次加入细砂糖，每次均用打蛋器搅打均匀。

③ 分 3 次加入鸡蛋液，每次均搅打均匀。

④ 加入酸奶，搅拌均匀。

⑤ 加入过筛后的低筋面粉和泡打粉、用刮刀充分搅拌均匀。

⑥ 将面糊装入裱花袋，挤入蛋糕模具中，8 分满。排入烤盘。烤箱 185℃预热，在中下层放入烤盘，烤制 25 分钟。

芝士焗红薯

材料：红薯 1 块

配料：黄油 20 克、奶油奶酪 20 克、马苏里拉芝士丝少许

做法：

① 红薯洗净，切成高约 8 厘米 ~10 厘米的圆柱形备用。

② 将切好的红薯放入锅中蒸熟。

③ 蒸好的红薯晾凉后用小勺挖出内部的薯泥，圆柱状的红薯段变成小碗状。

④ 黄油和奶油奶酪隔水融化，加入挖出的薯泥混合均匀，再装回红薯小碗中。

⑤ 表面撒适量马苏里拉芝士丝，包裹锡纸，烤箱 200℃，烤制约 10 分钟后，除去锡纸，再放回烤箱，烤制约 7~8 分钟至奶酪充分融化上色。

第四部分
坐月子保养方案

一、产后常见的不适

每个人的体质不相同，所以在生产后，每个新妈妈的表现也不尽相同。此外，一些不适症状跟产妇的年龄、基础疾病以及是否顺产有关。这些不适症状很快就会缓解，并不需要特别担心。

在产后常见的不适症状主要有以下几点。

1. 腰骨骶部疼痛、会阴水肿疼痛

这主要是由于妊娠期重力压迫导致。正常分娩时产程较长，产妇用力容易造成会阴部水肿，此外，通常会由医生进行会阴侧切术来帮助自然分娩的产妇娩出胎头。在分娩过程中由于剧烈的宫缩导致疼痛加剧，产妇并没有感受到侧切带来的疼痛，但是分娩结束后，往往会觉得会阴部伤口疼痛。分娩几天后，症状就会慢慢好转。

2. 乳房胀痛涨奶

自然分娩的妈妈在产后很快就会有乳汁分泌，而剖宫产的妈妈通常要在产后几天才开始泌乳。在生产后住院的这几天时间里，每天都会有护士对产妇进行乳房按摩，目的就是促进乳汁分泌，防止乳房内因泌乳而产生肿块。但是，初产妇（也就是第一次生产的新妈妈）仍会感到乳房有明显的胀痛感，甚至不敢触碰。严重的情况，会由于乳腺管堵塞、乳汁淤积导致急性乳腺炎的发生，表现为高热、寒战，乳房局部可有红、肿、热、烫等症状。这时候产妇不但不可以哺乳，而且还要继续住院治疗，有些严重乳腺炎的患者甚至需要外科切开引流治疗。所以，坚持让宝宝吃奶、对乳房进行吸吮才能避免上述情况的发生。在宝宝生下来的头几天内，每次宝宝对乳头进行吸吮动作时，妈妈们都会感到疼痛无比，有的妈妈甚至会出现乳头破损。这时候，我们可以在局部适当涂抹乳头保护霜，待给宝宝喂奶前用温水擦净即可。除了让宝宝多进行吮吸，还可以用温热的毛巾进行热敷来缓解局部症状。

3. 剖宫产手术伤口疼痛

剖宫产手术跟任何一个腹部外科手术一样，都会有同样的术后感觉，所以，在剖宫产麻醉时间结束后，都会不可避免地存在疼痛感。这和产妇的个体差异有关，但总体来说，绝大多数剖宫产的产妇在产后三天内都会疼痛和不适。特别是在下床活动时更为剧烈。生产后为了促进子宫复旧及宫腔瘀血的排出，每天都会有护士进行腹部的按压，这无疑更加剧了伤口的疼痛。但是，这种疼痛会随着术后时间的延长而减轻直至消失。术后 7 天拆线后伤口就不会有疼痛的感觉了。为了防止术后腹部脏器粘连，还是要坚持尽早下地。所以，剖宫产的妈妈要更加坚强。

4. 腹胀、排便不畅

由于经过漫长的妊娠过程，产妇的腹部过度膨胀，腹部肌肉和盆底组织松弛，导致排便力量减弱。且产褥期胃肠功能减弱，肠蠕动较慢，肠内容物在肠内停留时间长，使水分吸收，也会造成大便干结。剖宫产的新妈妈由于腹部伤口疼痛，导致不敢用力排便。这些都是产后腹胀和便秘的原因。在月子期间，应该合理膳食，增加富含膳食纤维的食物，

同时多吃蔬菜及粗粮，培养良好的排便习惯。便秘严重的产妇可以使用开塞露治疗，不要盲目口服通便药物，因为这样可能会对哺乳造成影响。必要时应该听从专业医师的意见。

二、产后伤口的护理

产后伤口护理是指对自然产伤和剖宫产伤进行产后医学护理，防止伤口感染，同时帮助加快伤口愈合。

1. 顺产：重视会阴伤口护理

由于正常分娩时产妇过度用力，对子宫颈及会阴部都会造成压力，这种压力就可以造成分娩时阴道撕裂伤，所以在一部分产妇生产过程中，医生会给予会阴侧切手术，待胎盘娩出后再进行会阴部的缝合。在分娩后，产妇应注意会阴的卫生，会阴部位的伤口需每天冲洗 2 次，保持清洁干燥，按时拆线。由于生理结构的原因，会阴部很难做到无菌，所以，术后的护理尤为重要。在每次排便后都应该进行充分的清洁，如果出现伤口红肿、疼痛等不适症状，应该及时就医。

2. 剖宫产：重视剖宫产伤口护理

剖宫产的新妈妈在术前通常要留置导尿管，待手术结束后护士就会将导尿管拔出，通常术后的第一次排尿显示排尿过程恢复正常，如果术后长时间不能自行排尿，则有可能为尿潴留，需要再次留置导尿管。所以，在剖宫产结束后，应该鼓励产妇尽早下地及自行排尿。剖宫产的产妇应注意伤口的恢复，在医院期间，由专科医师给予换药。拆线出院后应避

免伤口感染，术后2周内，避免腹部伤口蘸湿。在恶露未排干净之前应禁止盆浴。目前很多医院采取了剖宫产术后表皮不进行缝针，而使用拉锁式胶布，产妇回家后遵照医师指示按时将胶布取下即可。这种手段也同样应该避免伤口沾水感染，发生红肿时可用75%的酒精擦拭，如有红肿、疼痛及渗出等感染表现时要及时去医院就诊。还有一少部分肥胖的产妇，在剖宫产后会发生伤口裂开的情况，这时候需要随时观察刀口情况，及时跟自己的医师沟通，避免更多并发症的发生。

三、不同季节如何坐月子

1. 春季：春天是各种传染病高发的季节，所以在这个季节应该特别注意室内的通风换气。乍暖还寒的气候也容易让产妇受凉。所以，新妈妈应该注意，不要在开窗的风口停留，可以将室内几个窗子轮换着打开换气，产妇尽量留在比较温暖的室内，避免受凉。如果家人中有流感等病人，应该暂时不接触新生儿，以免由于新生儿抵抗力较差导致感染。

2. 夏季：夏季天气炎热，刚刚生产后的新妈妈由于产程用力，毛孔都处于打开状态，这时候如果贪凉，接触了冷水或凉风，很容易造成产妇感冒、发热等症状。所以，应该避免直接吹风，以及使用和食用冷水等。如果产妇在卧室休息，可以适当打开客厅的空调，使整个屋子的室温保持在26℃左右。有些旧观点认为坐月子就应该多捂着，要保暖，其实，在炎热的夏天，本就容易出汗，加上生产后大量褥汗排出，新妈妈更会觉得不适，这时候，应该注意保持皮肤清洁，可以用温水擦洗，适当选择棉质、吸汗的家居服，但应避免吃冷饮、凉菜等食物。要知道，温度过高的室内也同样不适合新生儿居住。宝宝过度保暖也会产生哭闹，甚至皮肤汗疹等不适。

3. 秋季：秋季天气没有那么炎热，温度适宜，新妈妈在这时候坐月子会感觉比较舒适，只要注意室内定时通风换气就可以了，如果室内过于干燥，可以适当给室内增加湿度，避免由于过分干燥的空气导致咽喉部及上呼吸道不适。北方的新妈妈，可能会面对雾霾或沙尘暴等环境因素，这时候应该避免开窗，有条件可以购置空气净化器。深秋的季节早晚温差大，在起床后应该适当增加衣服以防止受凉。

4. 冬季：冬季寒冷干燥，是各种呼吸道疾病的高发季节，除了每天仍然需要通风，也同样要保证室内的湿度，北方干冷，室内供暖好的屋子会又热又干燥，这时候就需要换气和加湿，尽量将室温控制在25℃～26℃为宜。如果屋内有煤炉等取暖设备应该特别小心，防止发生一氧化碳中毒。此外，产妇在家穿的拖鞋应该保暖，可选择带有后跟的棉拖鞋，防止受凉。开窗通风时应将产妇和宝宝留在温暖的屋内，交替通风，待卧室温度回暖后再返回。

不同季节坐月子注意的事项也有所不同：冬天需注意保暖防感冒、夏天要注意防止中暑、春秋则需在开窗换气时避免直吹风。

总之，坐月子并不是所有季节都适合“捂着”，应该根据室内室外的温度湿度决定，一味地保暖，不能散热，过多的褥汗不能排出，除了对身体不好，更加重了产妇的心理负担。不管任何季节，都需要大人格外注意自己的个人卫生，家人如果从外面回家应该更换专门的家居服，进门换鞋、洗手都是必要的，如果爸爸想要亲亲宝贝，则需要洗脸。感冒的家人在接触宝宝的同时应该戴口罩，并且不要和宝宝近距离面对面地接触，以免将病菌传染给宝宝。

四、如何营造舒适的居家环境

在结束了分娩过程，回到温馨的家时，一个良好的居家环境会使产妇心情舒畅，在月子期间保持良好的情绪是坐好月子的先决条件。而且在坐月子期间，妈妈和宝宝需要长时间留在室内，所以应该保证一个良好的环境。坐月子期间所居住的环境需要整洁，温度、湿度适宜，注意适时的开窗换气以保持空气的清新。室内温度约 25℃ ~ 26℃，湿度约 50% ~ 60%，居室的采光应明暗适中，可以用窗帘遮挡强光。吸烟的人应该避免在有新妈妈坐月子的家中吸烟。新妈妈应穿着长袖上衣、长裤、袜子，避免着凉、感冒，或者使关节受到风、寒、湿的入侵。秋冬季节或早春，室内温度较低时，应选择带有后跟的棉拖鞋以保暖。不宜光脚，以免受凉。如使用空调，应注意保持滤网的清洁。在坐月子期间，不应该直对空调吹风，产妇休息的室内不应该打开空调制冷。月子期间，还应当减少亲属或朋友的探视，因为过多的探视不但影响产妇的休息，还会将细菌带给新生儿，使宝宝容易患病。

五、产后何时开始瘦身

绝大部分的新妈妈都会对自己产后的体形很关注。现代社会，大部分女性在生产后都要回到职场中去，身材和外形尤为重要。所以，产后瘦身成了产后重要的问题。通常来讲，在产后三个月，如果身体状况恢复良好，就可以开始锻炼瘦身。这里指的锻炼应该以有氧运动为主，妈妈们可以适当进行慢跑、快走或游泳等活动，不但对身材的恢复有帮助，更可以增加体能。在产后第二个月至第三个月之间，也可以适当进行轻度活动，但不宜进行剧烈活动。有些新妈妈由于长时间抱孩子及频繁喂奶，身体姿势相对固定，容易造成肩背部疼痛及腰痛，在这期间，可以适当进行拉伸锻炼，来缓解肌肉及韧带疼痛。在月子期间，并不适合过度活动，还应该以休息为主，因为生产后，腹部压力解除，很容易造成内脏下垂，所以产妇应该尽量卧床休息，并适时绑上腹带。这对产后的身材恢复也很重要。所以，把月子坐好，同时也是为将来更好的瘦身打下好的基础。

六、如何预防产后抑郁症

随着社会的发展，生活压力逐渐增大，越来越多的人开始重视产后抑郁症。最近也经常会出现有产妇患严重抑郁症导致自杀的新闻。这无疑是令人心痛的。一个新生命的诞生本该给家庭带来无限的幸福与快乐，可是怎么就演变成了一场悲剧呢？其实，产后抑郁症并不仅仅是产妇一个人需要关心的问题。所有的家庭成员都应该重视起来，因为只有健康的妈妈才能养育出健康的宝宝。

一些研究表明，一半以上的新妈妈在产后1~2周内会产生产后抑郁症的症状，大部分的新妈妈在4~6周后可以缓解症状，一些严重的产妇可能会持续更长时间，甚至有自残、自杀及伤害婴儿等危险的念头。产后焦虑及抑郁症跟产妇的生理、心理及社会压力均有关。随着宝宝的诞生，新妈妈体内的激素水平剧烈变化，孕激素和雌激素短时间内迅速下降，所造成的情绪影响甚至超过更年期。而宝宝诞生后，由于没有喂养经验，新妈妈通常彻夜难眠，又担心不能更好地照顾孩子，所以经常是身心俱疲。一些家庭将注意力完全集中在新生儿身上，忽略了产妇的情绪变化，新妈妈从孕期备受关注的状态一下子转换成少有人关心，也难免会有情绪上的变化。即便是平时脾气温和的女性，在这段时间内也会因为一点小事而导致情绪失控。在宝宝出生的前几个月，每隔2小时左右就要喂一次奶，而这时候有些新爸爸会在其他房间休息，那么夜晚照顾宝宝的工作完全就要靠新妈妈一个人，这时候，新妈妈的心里难免会有不良情绪，认为自己无法达到“24小时超人妈妈”的标准，一些新妈妈表现出沮丧、失落的情绪，有些人甚至有“抱着宝宝一起死了算了”的想法。

这种不良情绪应该尽早被丈夫及家人发现及重视，以避免不良后果的产生。新爸爸在宝宝诞生后，应该尽量鼓励和赞美自己的妻子，不但照顾宝宝，更要多陪伴在妻子身边，一些剖宫产的妈妈在术后前一周内，由于伤口疼痛，会出现行动不便。这时候新爸爸应该多予陪伴，协助起床、排便，以及帮助新妈妈给宝宝喂奶。一个幸福的三口之家不仅是妈妈的责任，更是爸爸的义务。

对于新妈妈来讲，在月子期间应该尽量自我调整。多和自己的孩子肌肤接触是预防产后抑郁的好办法，身体状况允许的情况下可以多帮助孩子做运动及抚触，以增进母子的感情。在出现不良情绪的时候，应该勇敢地向家人倾诉，抒发自己的情感，不要将所有烦闷都积压在心里，这样不仅对身体不利，更会影响泌乳量。在感觉疲劳时，应该向丈夫或家人提出，由其他人照顾宝宝，自己尽量好好休息，可以听一些舒缓放松的音乐，或者跟好朋友好姐妹聊聊天。总之，新妈妈应该对自己有信心，因为宝宝的顺利诞生本就是一件非常了不起的事情，你更是他伟大的母亲，所以没什么过不去的，要相信你可以成为一个幸福的妈妈。